JN309433

花

宇宙の宝石

夏坂周司

本の泉社

この本を亡き妻に捧げる。そして、小さき子らに贈る。

目次

ホトケノザ
しそ科

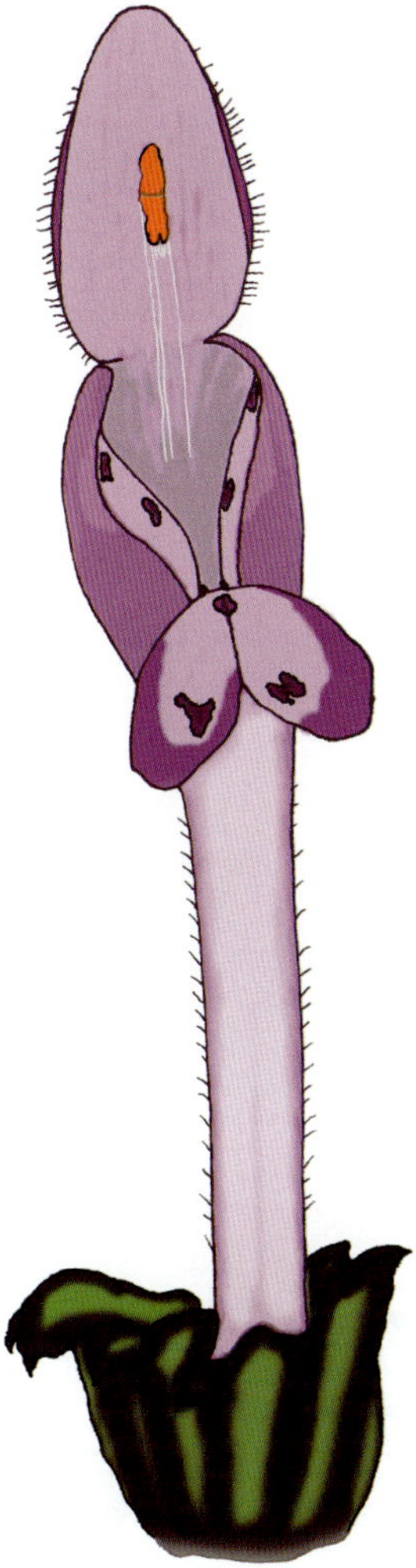

啓蟄《けいちつ》もまだ先の、霜の降りた朝、道ばたにホトケノザが咲いていました。濃いピンク色の、どきんとするような鮮やかさで、ルビーのようです。

そのとき、「地球は、道ばたに宝石が落ちている惑星なのだ」と思いました。

花は小さいが、マリオネットのようなひょうきんな形をしています。その形と色は、見飽きることがありませんでした。

オオイヌノフグリ
ごまのはぐさ科

春の早い時期から咲いて目を引きます。寒いときはしぼんでいますが、太陽が照ると一斉に太陽に向かって咲き出し、その姿は壮観です。

細い茎が途中から立ちあがり、ラッパ状の花はこぼれ落ちやすく、スケッチにはやや不向きです。

合弁花ですが、花弁の大きさも花びらの筋もそれぞれ個性があります。特にいちばん大きい花びらの碧空色《へきくういろ》は、女王の色のように青い。

外来種ですが、日本の自然によく溶け込んでいます。

マンサク
まんさく科

曲がりくねった黄色い花びらは、冷たい青空によく映えます。濃い暗赤色のがくが、花びらの黄色に対比して美しい。見事に工夫されたデザインだと思います。

葯《やく》には蓋《ふた》がしてあって、めくれて花粉がのぞいています。雄しべのつけ根にも特別の気を配っています。

寒い北風の吹く青空にすっきりと咲いて、春が確実に近づいていることを知らせています。

アブラチャン
くすのき科

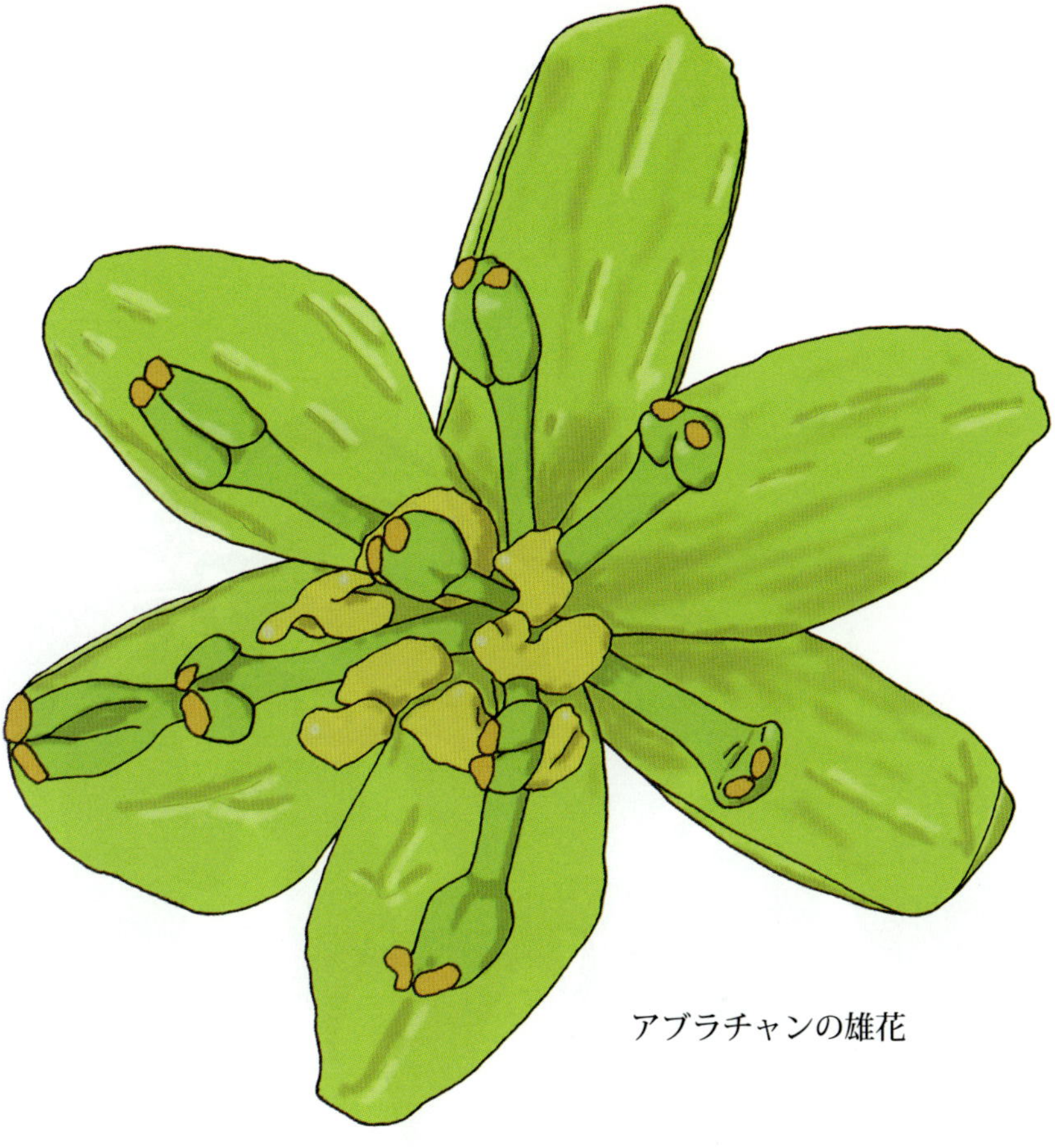

アブラチャンの雄花

春先の谷間に咲き乱れている姿に、気分も高揚します。

小さい花ですが、整ったつくりをしていて、雄しべのつけ根には付属体がついています。

ある観察会で、女性が「アブラチャン」と歓喜の声をあげていたことを思いだします。それらしい所に行って、それらしいものを探しても見つけることが出来ず、その女性を尊敬したことを覚えています。

アセビ
　つつじ科

樹間から差込んだ光りが、アセビの花を照らして、まばゆいばかりでした。

壺型《つぼがた》の花びらの口のあたりは、ほんのりとピンク色をして、あでやかで美しい。雄しべからは、角《つの》状に赤い突起が見えます。

花の美しさは物語の貴婦人を想像させます。お墓の周りのごみ捨て場でゴミを拾っているところを役人の目にとまり、帝《みかど》に取り立てられます。帝の寵愛《ちょうあい》を一身にうけてついには后《きさき》となるのでした。

フサザクラ
ふさざくら科

四月の早い時期、つぼみを破って中から濃い暗赤色の葯がはじけます。花びらと間違うほどの鮮やかないろどりです。
控えめな雌しべがつけ根にあるだけで、花びらがありません。
大きな木を飾る一瞬の輝きは、サクラに例えられたとしても、不思議ではありません。

アオイスミレ
すみれ科

春の早い時期、陽の当るのり面などにいち早く咲くスミレです。

タチツボスミレに似ていますが、形や色合いはよりたくましさを感じます。托葉《たくよう》の切れ込みが荒々しく複雑です。

タチツボスミレ
すみれ科

エイザンスミレ
すみれ科

キブシ
　きぶし科

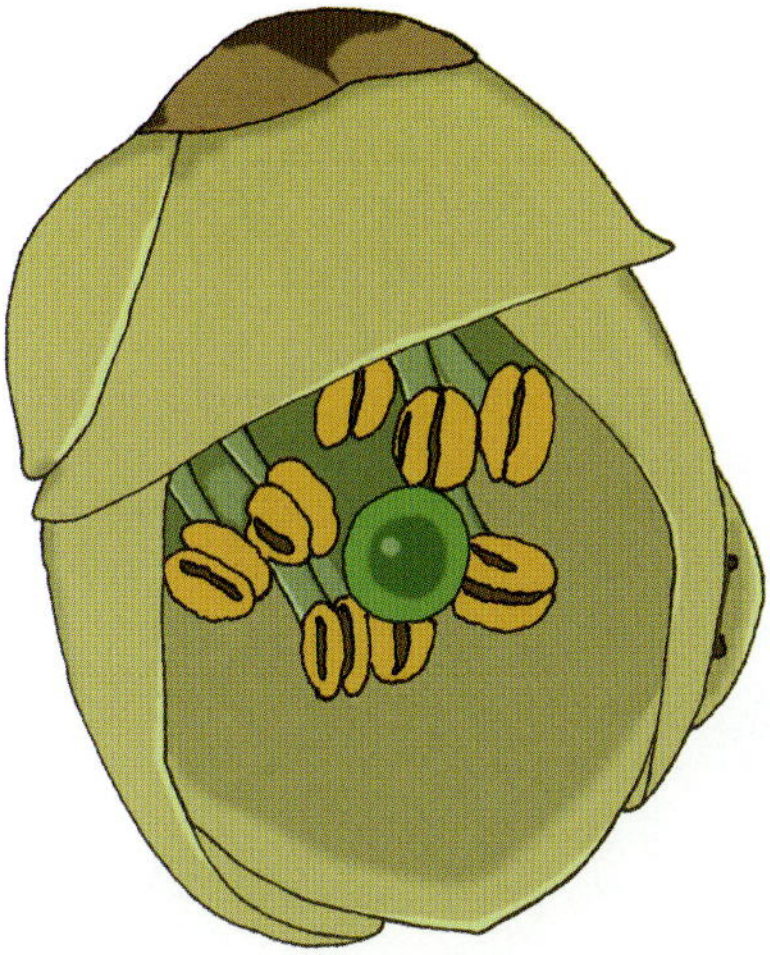

キブシの雄花

キブシの雌花

三月半ば頃、黄色い花の房を垂れて目を楽しませてくれます。淡い黄緑をした、やや厚手の四枚の花びらがピッタリと重なって、つぼ型の花を作っています。

雄花には、ビッシリと黄色い葯が並んで雌しべを囲んでいます。この雌しべは、はたらくことがなく、雄花とともに枝から落ちてしまいます。雌花は、大きな子房をもった雌しべに占められて、雄しべはその痕跡《こんせき》らしいものが見えます。

のちに雄花の房は枝から切り離され、雄株の下の地面にはおびただしい数の雄花の房の山が出来ていました。

フキのトウ
きく科

フキの雄花

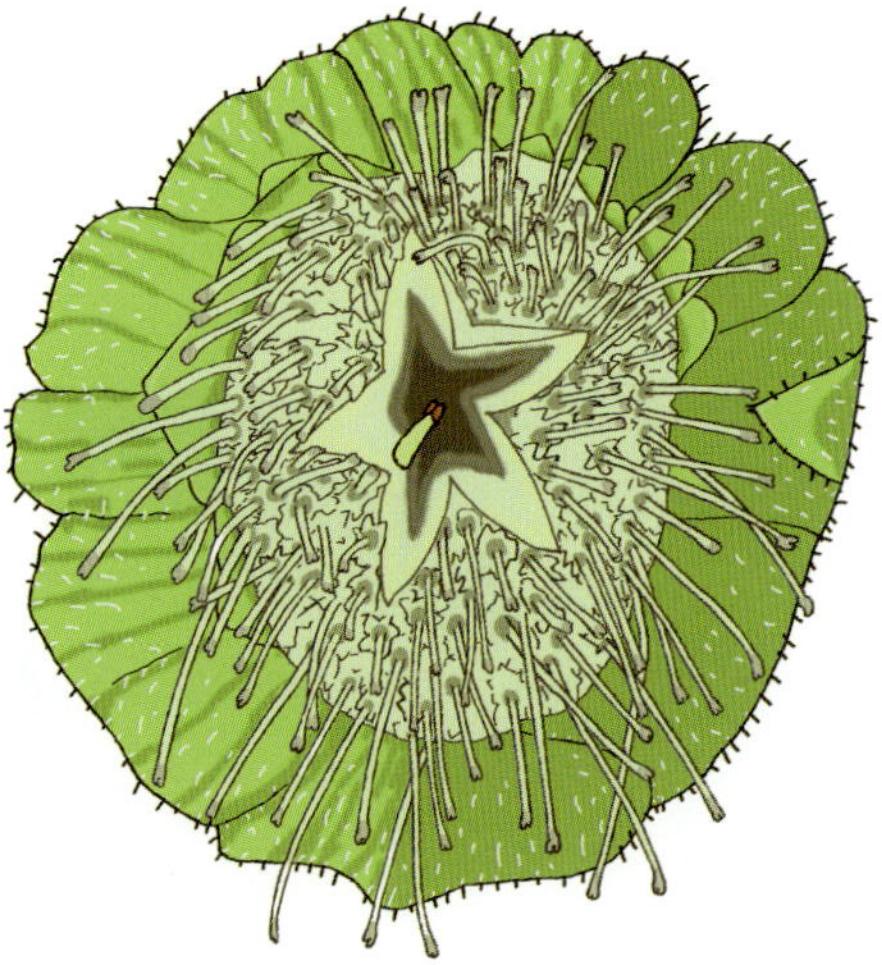

フキの雌花

まだつぼみを破っていない雄花に、花バチが飛んできて盛んにミツを吸っています。雄花も授粉を助けて貰うために、匂いとミツを作るのだと再確認します。

フキでは、たくさんの頭状花が集まって花を作り、さらにそれらが束をなしているのです。雄花の株は黄色で目立ちますが、雌株は雌花が白くて地味です。

雌花の束の中心には、特に大きな雌花が、雌しべをつきだしているのが目を引きます。

キクザキイチゲ
きんぽうげ科

陽当たりのいい草地や林床《りんしょう》に群をつくって、輝くように白い花をいっぱいに開いています。
いっせいに太陽の方向を向いて光を反射していますが、陽が陰ると花びらを畳む。それは真っ正直な大地の鏡そのもの。
花は、白いものから紫のものまで、さまざまな色のものが見られ、色のグラディーションを探すのも楽しみのひとつ。
やや湿った林の中では、カタクリと一緒に咲き、それは美しい春のお花畑をつくります。

シュンラン
らん科

冬枯れの乾いた林床《りんしょう》に、薄い膜のような苞葉《ほうよう》からつぼみを開く姿は、胸が高鳴る思いがします。

冠を頂いたように、三方に開いた花びらが気高く、天を突き刺す硬い葉と相まって、凛《りん》とした気品が感じられます。雄しべと雌しべが、いろいろな花びらで幾重にも守られるように配置しています。

エンレイソウ
ゆり科

ゆったりとした大きな三枚の葉の根元から、褐紫色をした三枚の花びらが広がります。大きな子房が目を引きますが、のちに、栗のような大きさに実る姿にまた驚かされます。雌しべの先が三方に開き、それを仰ぎ見るように雄しべの葯が中心を向いています。

おおらかで、どこか仏のような安堵《あんど》を感じます。白い花びらをもつシロバナエンレイソウに逢ったときは、興奮を覚える一瞬です。

カタクリ
ゆり科

　華やいだピンク色に、やや愁いを含んだ紫色を帯び、花びらが反り返った特異な姿に、うれしくなります。陽が明るくなるほど、花は首を曲げて下を向き、花びらが帽子の紐《ひも》を結ぶように交差します。その躍動感は、バレエを踊る女性の姿を想像させて、圧倒される思いです。

　花びらの奥には、山を形取ったような濃い紫の模様が見えます。長い雌しべの奥には、きれいな緑色をした子房がのぞいてまた美しい。

　あたり一面にカタクリが咲き乱れる姿は、見るほどにうれしさがこみ上げて来て、ただ無性《むしょう》にうれしいという気分を味わうことが出来るのです。

ニリンソウ
きんぽうげ科

谷を埋めるようにいっぱいに咲き競う姿は、夢を見ているような境地になる。
かれんな花を支える輪状に広がる葉には、白い斑紋が浮かんで勲章《くんしょう》のようです。端正な五弁の白い花びらが、清楚《せいそ》な感じを一層引きたてます。
花の命は短くて、次に足を運ぶ頃には姿を消していることが多く、まさに春の妖精《ようせい》の名にふさわしい。

ヤマブキ
ばら科

しだれる細い枝に、ビッシリと咲く黄色い花。光沢のある、深い厳かな黄色。

咲き始めの花は、まばゆいばかりに黄色い。濃淡のある、あやしく光る黄色。例えようのない、ため息の出るような黄金の色。

五弁のまばゆい花びらと、たくさんの雄しべ、目立たない数本の雌しべ。

季節はずれの夏の頃、突然、一輪だけ咲いているときがあり、迷い出た玉のように驚くことがあります。

キランソウ
シソ科

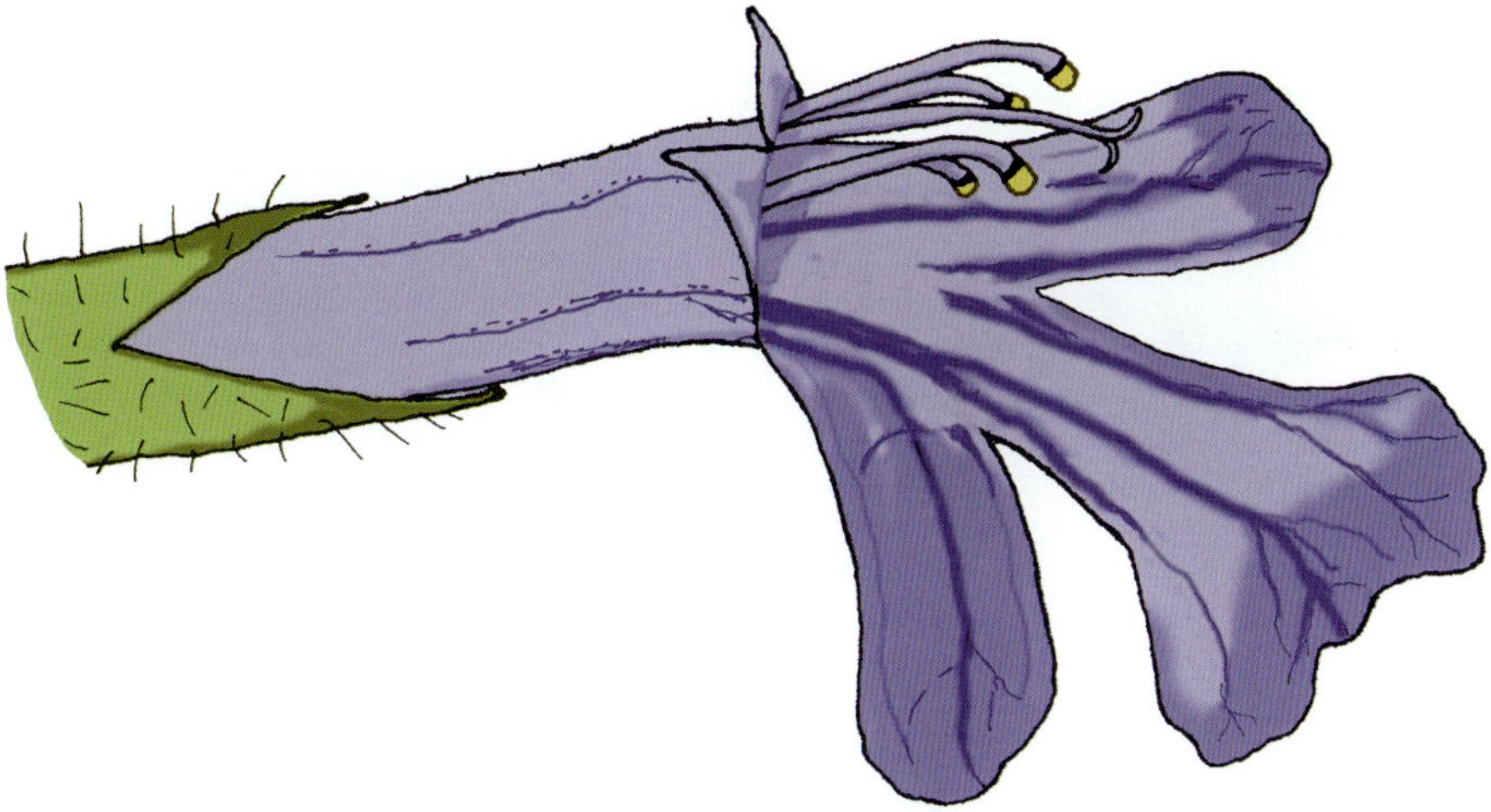

地べたをはう、茎や葉を覆い隠すように咲く、たくさんの青紫色の花。舌のようにも、鬼の面のようにも見える、深い紫色の花。筒状の花から繰り出した花弁には、クッキリと濃い紫色の筋が規則的に走って、単調さを避けています。四本の雄しべの先を下向きに折り曲げて、アクセントを付けています。

別名ジゴクノカマノフタという名前は、その特異な花の姿とともに、一度覚えると忘れられない。

ウスバサイシン
うまのすずくさ科

特徴のある二枚の葉の下で、地面に転がる目立たない、ツリガネ型の花。三枚の花びらは強く外に折れ曲がり、その頂点が丸まってつき出しています。筒の中は濃い紫色で、筒の入り口まで彩色し、六個の雌しべが円陣を組んで奥の中心に並び、その周りを十二個の雄しべが花時計のように囲んでいます。

アオキ
みずき科

アオキの雄花

アオキの雌花

円錐状にたくさんの雄花を付ける雄株と、それより少し控えめに雌花の穂をつける雌株。小さい紫褐色の花は、ともに四枚の花びらを十字形に交差してつけます。雄花は、豊満な葯を四個抱えて雌しべは目立たない。雌花は、雌しべだけで雄しべの痕跡がありません。
授粉時には、木全体が周りの木といっしょに、灰をかぶったように花粉だらけになります。

ヤマブキソウ
けし科

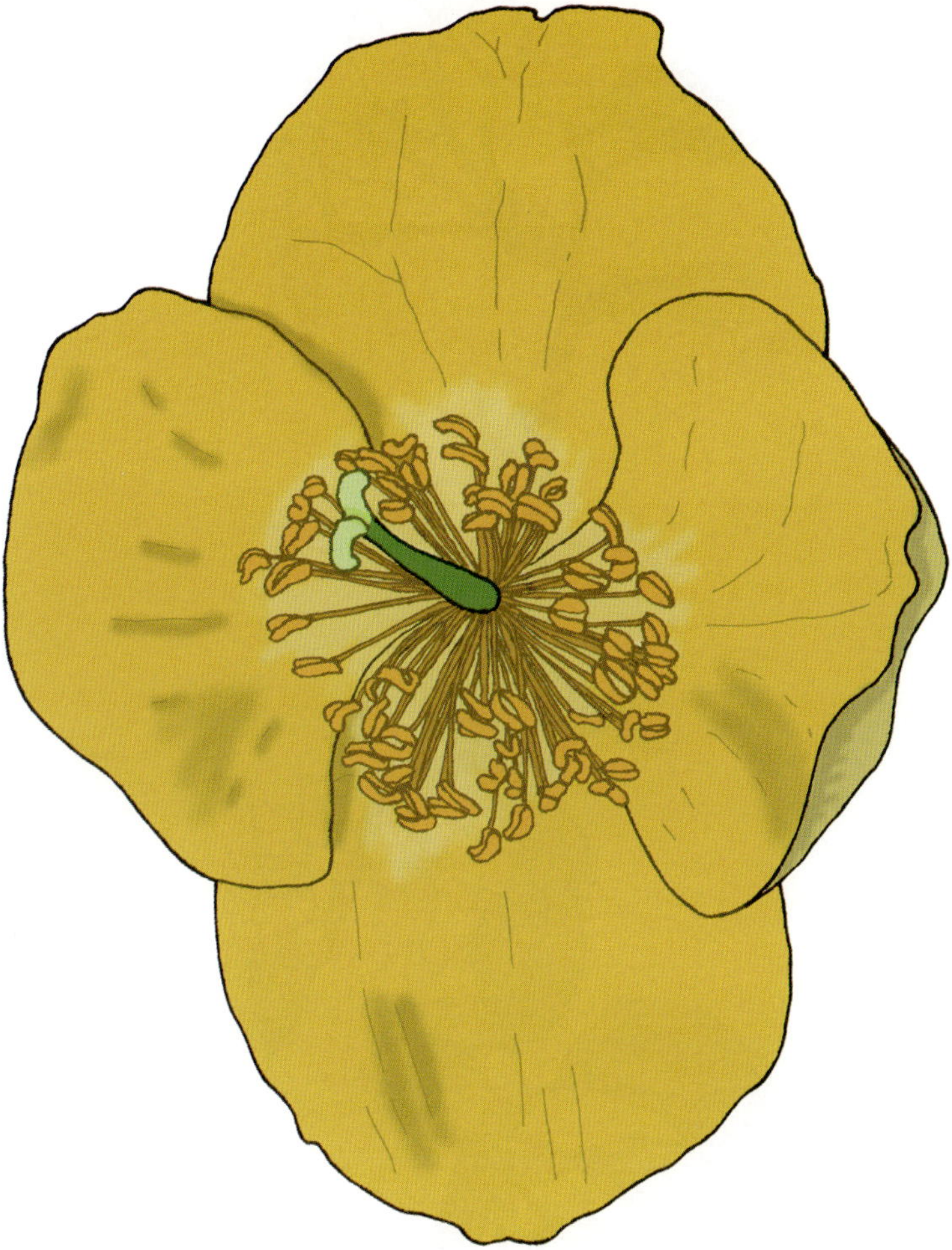

やや湿った谷筋に、満月のように輝いて咲いているヤマブキソウを見ると、思わず頬が緩《ゆる》んでしまいます。

お椀のように丸く、大きさの違う二種類の黄色い花びらを十文字に重ね、ややうつむき加減に、群をつくって咲いています。太陽を背にすると、たくさんの雄しべが赤みを帯びてまるで太陽のように見えます。

いつか逢えなくなる日が来るような予感がするので不思議です。

快晴の空にヤマブキソウが満月のように咲いている姿は、失いたくない、うっとりする光景です。

カスミザクラ
ばら科

サクラの仲間はそれぞれに美しい。サクラは、一方の花の女王と言えるでしょう。カスミザクラは、葉が成長して、それとつりあって花が咲きます。

その花びらの曲線は花の代表的な曲線をしています。緩やかに大胆に膨らんで、急にしぼんで閉じる。

かつて、朝永振一郎《ともながしんいちろう》博士は「自然は曲線をつくり、人は直線をつくる」と書かれていました。サクラの花びらの曲線は、その代表的な曲線のひとつだろうと思います。

カスミザクラの花びらの曲線は、ただ丸く曲線を描くばかりでなく、その頂で急に落ちくぼんで、花びらにアクセントをつけるのを忘れていません。

ミツバツチグリ

ばら科

キジムシロの花

五枚の花びらは、虫を誘い、人を快活な気分にさせる明るい黄色。

ミツバツチグリもキジムシロも、見た目はよく似ています。

近い類縁関係にあるこれらが、いつ頃別れたのだろうかと想像します。進化論の重要な要素に、「自然選択」がありますが、自然は、ひとつの方向に選別するだけではなく、多様性を楽しんでいるようです。

ヤマツツジ
つつじ科

赤橙色のロート状の花びらは、遠くからでもよく目立ちます。
五枚に裂けた花びらの上の三枚は、濃い赤色の斑点がついています。五本の雄しべの中心から、一本の長い雌しべが延びています。花びらには特有の凹凸があり、かわいさを演出しているかのようです。
シロヤシオの白い花とつくりだす好対照の光景が忘れられなくて、同じ時期に同じ場所を訪れていますが、双方の花が揃《そろ》うことが少なく、あの光景に出会う機会がまた来るのか、少し悲観的になっています。

フデリンドウ
りんどう科

乾いた日当たりのいい草地に、目の覚めるような碧空色のフデリンドウが咲いています。背丈も花柄も小さいが、花びらの青い色は、目に刺さるようにうつくしい。
筒状の花の先は五枚に裂け、その間にまた複雑なひだがある。花の筒の外側は、青緑色のヒダが幾重にも展開して、優雅な花を奥深く引き立てます。
紫を含む碧空色は、晴れ晴れとした気分にさせ、過去のことなど気にせず前に進めと励ましているかのようです。

シャガ

あやめ科

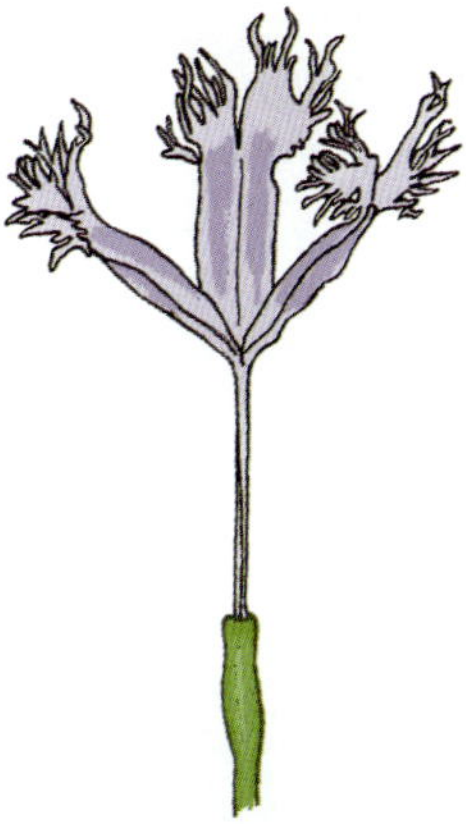
雌しべ

雄しべ

切れ込みの多い、白い地に紫色を配した花は、梅雨の空に目を引きます。

　花のつくりがやや複雑で、外側の三枚の大きい花びらには特に模様はありませんが、その間の花びらには、紫の斑点と橙色のとさかのような突起をもっています。この花びらは雄しべをたずさえ、中心の三枚に裂けた雌しべの下に隠れています。

　細かい切れ込みは花全体を繊細に飾り立て、雨や露の中で咲く姿は、落ち着いた華やかさで満ちています。

チゴユリ
ゆり科

ユリの仲間とは思えないくらい小さい花は、うつむきかげんに咲きます。全体が小さく愛らしいが、しっかりした印象です。黄色を帯びたうす緑色の可憐な花は、派手ではないが、来し方を振り返り、人に親に、尊敬を失わないようにと告げているかのように思えるのです。

黒く大きい立派な実をつけて、緑色がなくなるまで立ち尽くして、一生を全うします。

ホウチャクソウ

ゆり科

釣り鐘か提灯《ちょうちん》のように垂れた、うす黄緑色の花からは、寺院にたたずんでいるかのような厳かな気分が伝わります

六枚の花びらは、長い筒状に重なって、これ以上開くことはありません。外からは先が三つに裂けた雌しべがのぞくだけで、中の様子はうかがうことは出来ません。

終戦後の停電ばかりの中、ランプラジオを作るという希有《けう》な夢をもった男が、弟妹のために夢を捨てて家業を継ぎ、のちに行き詰まった末に自裁《じさい》したという話を思い出しました。

ハナイカダ
みずき科

ハナイカダの雄花

ハナイカダの雌花

小さく目立たないが、ミツを滲《し》みだして光っている花には、黒い花バチが確実に集まっています。

雄花の花びらが三枚、雄しべも三本ということで興味が湧きます。シーボルトの「日本自然誌」を開くと、四枚の花びらを描いているので興奮しましたが、のちに、雄花も雌花も花びらが三枚か四枚かの自由度は高いと知って、いささか興奮が冷めました。

別名ヨメノナミダには、忘れられない印象が湧《わ》きます。

フジ

まめ科

白い衝立《ついたて》のような花びらは、基部に黄色をあしらい、その根元には船のへさきの形をした、濃い紫の花びらを抱えています。
白と紫の高貴な対比の花の房は、陶然と垂れ落ち、初夏のひとときの典雅な光景です。
花の房からは、甘い香りが降り注ぎます。虫たちは酔ったように舞い、押しのけるように蜜を吸う。
雌しべも雄しべも、船べりのような花びらの中にしまい込まれたままです。それにしては、この甘い香りとミツは何のためにあるのだろうかと思うのでした。

ゴヨウツツジ

つつじ科

五枚の葉が輪状につく端正な姿は、それだけで美しい。
ロート状の白い花は、上側三枚の花びらに、鮮やかな緑の斑点を散らしています。
真っ白い花がいっせいに咲く無垢《むく》な情景から、純真だった親友との交情をなつかしく思い出します。

マムシグサ
さといも科

茎に散らばる暗紫色のまだら模様が、マムシを連想させて近づきがたい。
花にも暗紫色の彩りがあり、鎌首にあたるところには透明な白くみえる筋が幾筋も走って、その造形の妙に驚きます。
外からのぞいている丸い頭の棒は、おぞましいほどきれいです。基部には雌しべの一群がピラミッド状に鎮座しています。これが秋には、真っ赤な泡を盛ったような実になるのです。
何から何まで異様な植物体は、昔、老人から「指差した指が腐れる」といわれた訳が分かるような気がします。

ニッコウキスゲ
ゆり科

 やや橙色を帯びた濃い黄色の花びらは、そりかえりながら輝くように咲いています。遠くからでも、花の歓喜が伝わってくるようです。

以前、尾瀬を初めて訪れたとき、ニッコウキスゲの大群落に遭遇して、圧倒された思い出があります。その美しさは、何人をもとりこにします。

モーツアルトの「ジュピター」を演奏するオーケストラを見ていると、あの時の尾瀬の感動を思い出します。

ムフサキケマン

けし科

ミヤマキケマン
けし科

鳥にも似た形の花が、茎の先に穂状にたくさん咲いていいます。花の筒全体が淡い紫色で、先が濃い紫をしています。

ミヤマキケマンもほぼ同じ形で、黄色い花をつけます。花の後尾がややつき上がるように膨らんで、中腹あたりを下から支えられて、スタンド様に突き立てられています。

群をつくって美しさが引き立つのですが、個々の花の造形も決しておろそかでありません。

ホオノキ
もくれん科

　豊潤な暗桃色のつぼみを開くと、乳白色にうすい桃色を帯びた花びらが、次々と開いていきます。中からは、大日如来《だいにちにょらい》のような雌しべの集まりが現れます。台座のような雄しべの根元は、血に染まったようにまっ赤で、度肝を抜かれます。思わず手を合わせる。
　陸のハスともいえるつくりをしたホオノキの花こそ、植物の神にふさわしい。ヒトの神はヒトの神。サルにはサルの神がいて、アメーバにはアメーバの神がいるはず。
　ホオノキの花が放つ、極楽浄土の香りがいつまでも残ります。

アブラツツジ

つつじ科

ヤマツツジなどが咲き終わった頃、うす黄緑色の小さな壺型の花をたくさん垂れて咲きます。スズランのような、シャンデリアのグローブは愛らしい。

雄しべは、葯の先から二本の角《つの》のような突起を出して、花粉の黄色を強調しているようです。

自然は、飽くことなく、創造の妙をたくましくしているのだと思いました。

ツクバネソウ
ゆり科

十字形に交差した葉の真ん中から、緑色をした花びらのように反り返った、がく片が垂れています。
八本の雄しべは、がく片に重なるように放射状にのび、四本に裂けた雌しべも規則的に重なって延びています。
秋には光沢のある大きな黒い果実に、がく片が羽根そっくりにくっついて、見事なツクバネをつくります。

カキドオシ
しそ科

赤紫色の斑点が目立つ下唇を出した花は、群をなして咲いています。
濃い斑点は、筒状の花びらの奥まで誘うように着いていて、雄しべと雌しべは筒の天井にくっつくように延びています。際立った美しさではないが、念入りな造形をしています。

ヤマボウシ
みずき科

淡黄白色の、花びらのような総《そう》苞《ほう》が十字形に交わって、その中央に緑色の小花の集団があるという端正なつくりは、息を呑むような厳かさがあります。小花は、緑色をした厚手の花びら四枚で出来ていて、雌しべも雄しべもやや粗雑な出来に見えます。

植物全体が整った葉脈の図柄と相まって、見事な造形美です。

ツクバネウツギ

すいかずら科

淡黄色の筒状の花は、柔和な優しい形で道ばたを飾っています。下の大きな三枚の裂片には、濃い黄橙色の模様があって、中に招き入れているようです。ふっくらと膨らんだ筒状の花は、急に細くなって終る。その基部に開く五枚に裂けたがく片が、強いアクセントになっています。

ノイバラ

ばら科

　桃色を帯びた白い花びらから、たくさんの雄しべが突き出しています。甘い香りと、端正な花びらは人を引きつけます。小さいつぼみは、花びらを幾重にも巻いて桃色を増し、まさしく誇らしいバラの姿です。

　その堂々とした特徴は、バラの女王のクリスティアン・ディオールやクイーン・エリザベスの祖先であることを伺《うかが》わせます。

ヤブデマリ

すいかずら科

散形花序

両性花

白い手まりのような花の固まりが目を引きます。白く見える花は飾り花で、五つに裂けたうちの、一つの花びらだけが特別に小さい。花の柄が何回か十字形に交差したつくりをしていて、その端に飾り花と小さな両生花が着いています。筆のような形をした桃色のつぼみから、五枚のそりかえった花びらと五本の雄しべの目立つ両生花が開きます。

花はサクラも美しいが、みんながサクラのような花になるわけではないのです。

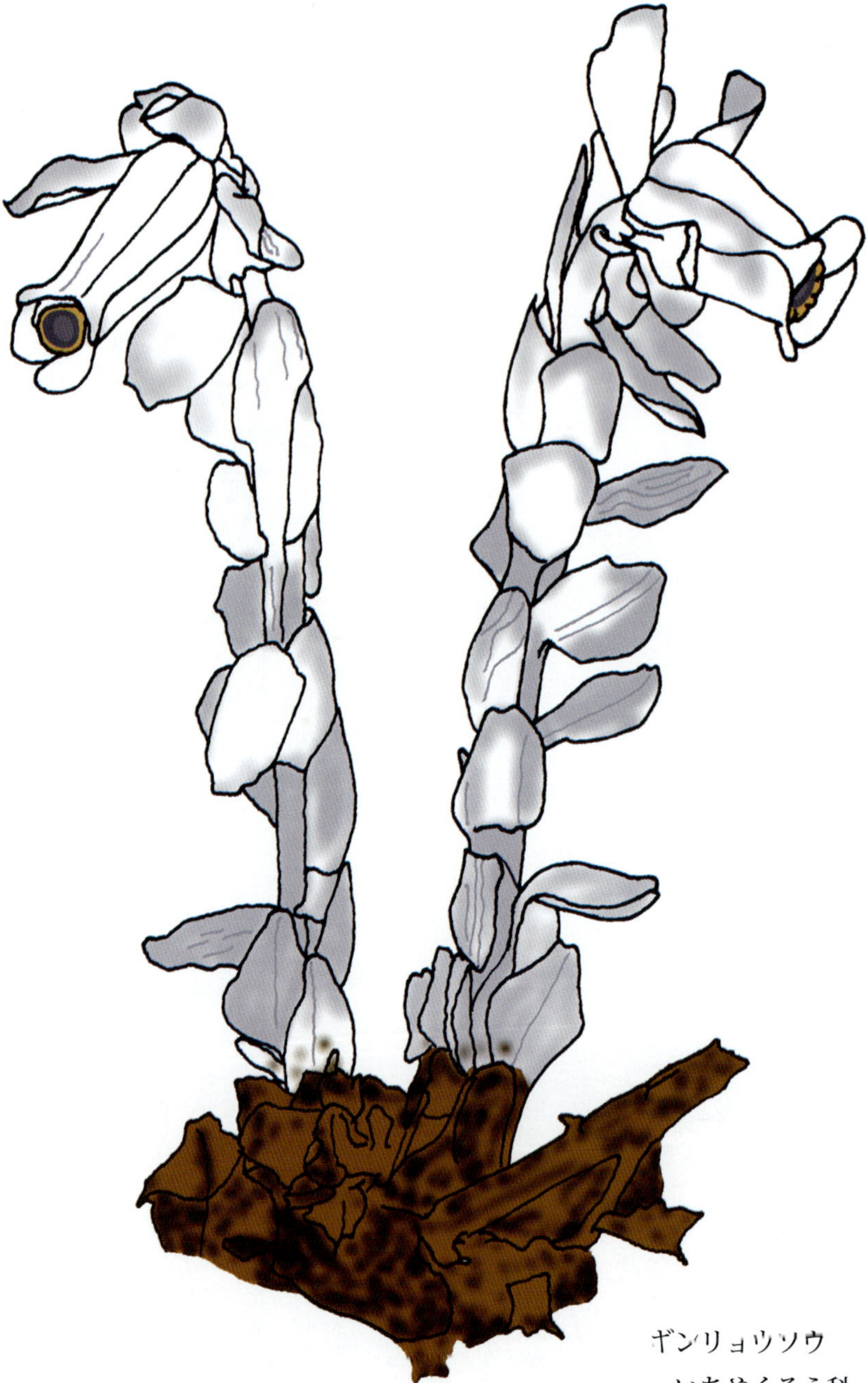

ギンリョウソウ
いちやくそう科

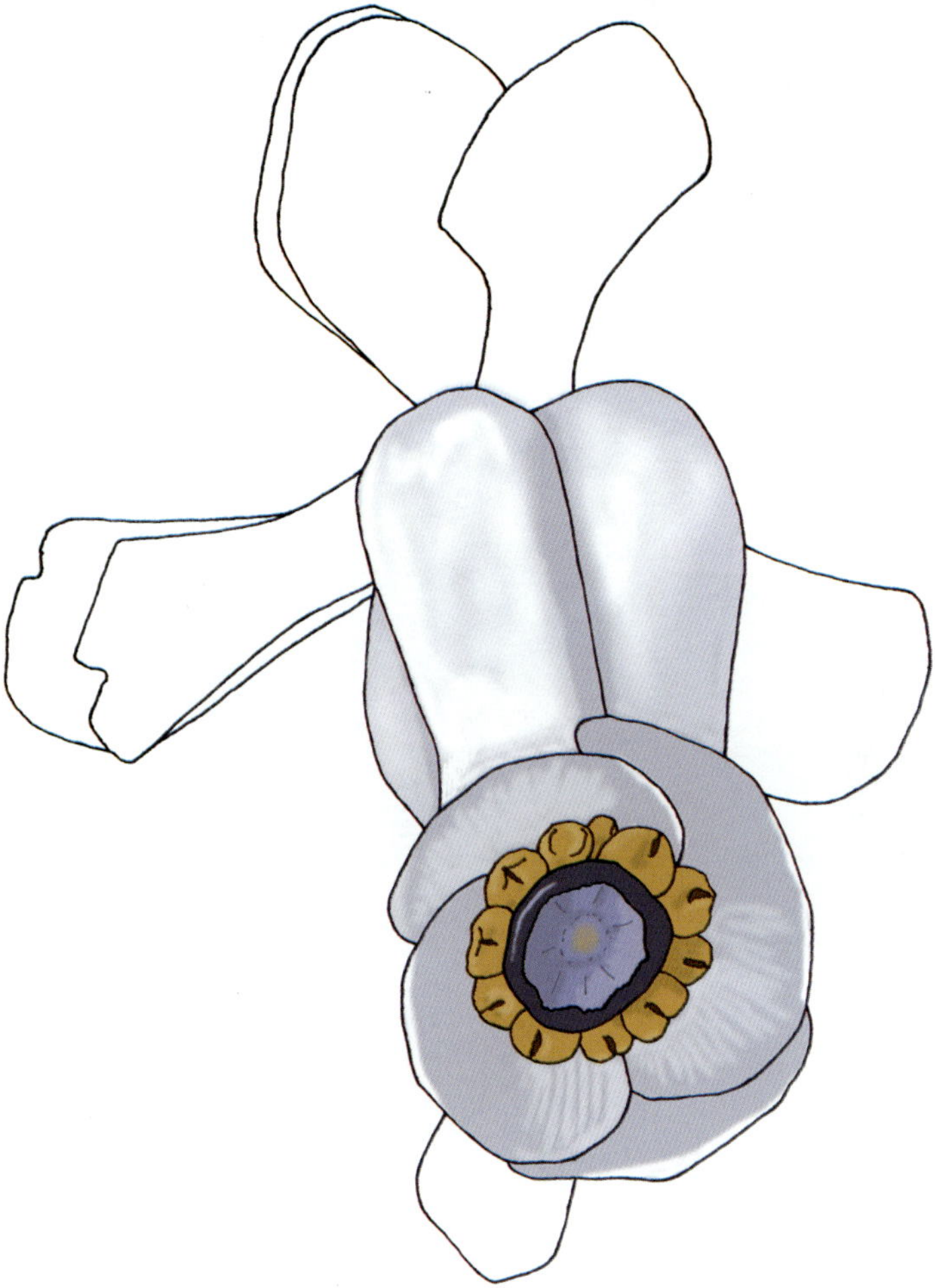

白いユウレイのような植物が、腐植質を持ち上げて群生《ぐんせい》しています。露か水蒸気で出来ているように光って、身体の内部まで透けているようです。緑色をすっかり失って、なお植物としての特徴を備えています。からだに巻き付いている鱗《うろこ》は葉であり、馬の頭のような筒は、まさに花。濃い群青色《ぐんじょういろ》の雌しべと黄色い雄しべという、種の保存装置だけが色を失っていません。

　この世紀の終りには、白神《しらかみ》にブナは見られなくなるという。そのときユウレイは舞う。ブナをしのんで舞うことでしょう。

フタリシズカ
せんりょう科

白い穂のような花を拡大してみると、白いグローブの形をした雄しべが、赤みを帯びた雌しべを守るかのように抱えています。そのけなげな姿に、胸が熱くなる思いです。

人間の世界で繰りひろげられる、男が女をはずかしめる事件を想い起して、何という違いだろうかと思う。

ノアザミ

きく科

ホタルブクロ

ききょう科

ユキノシタ
ゆきのした科

二枚の長く大きい白い花びらが目立ちますが、その上の小さい三枚の花びらも愛嬌《あいきょう》があります。赤桃色の斑点の下には黄色い斑点も見られ、顔のように見えます。全体的にきゃしゃな印象を与えますが、生命力に溢《あふ》れ、群落をつくって咲く姿は見事で、気分も高揚してきます。

エゴノキ
えごのき科

五枚の白い花びらはややくすんだ灰色を帯びて、たくさんの花が垂れ下がって咲く姿は、すがすがしくも豊かです。秋には、さくらんぼのような実がたくさん垂れ下がって、目を楽しませてくれます。

毒を含み、そのえぐいことから名前が付けられていますが、たくさんの鳥が集まって、口いっぱいに実をついばんでいる姿を見たことがあります。

スイカズラ
すいかずら科

手のひらや唇のような形の花びらを、上下に大きく開いて咲きます。長い筒の先がグローブのような形に四つに裂け、細い一枚の花びらが垂れ下がっています。変側的な形で天地が不安定な気持ちになります。
白い花と黄色い花が混じって、にぎやかです。新しく開いた花は、柔らかい桃色を帯びて白く、時間が経つと黄色くなります。濃厚な甘い香りを放っています。

ノハナショウブ
あやめ科

夏の湿地に高貴な赤紫色の花をひらき、すらりと立つ姿は涼しげです。大きな花びらの根元には、よく目立つ黄色い筋が走って、強いアクセントになっています。真ん中に三枚の剣のような花びらが直立し、気高さがあります。三方に裂けた雌しべの陰に雄しべが隠れています。

　静かに思索するような姿は、地球のはるか来し方を知っていて、行く末を予見しているかのように見えます。

ツユクリ

つゆくさ科

普段、見過ごしている青い花ですが、複雑で面白いつくりをしています。

鳥の頭のような苞葉《ほうよう》の中には、色のない四枚の花びらが隠れています。また雄しべも長いもの短いもの、花粉を出すもの、出さないもの、鮮黄色の雄しべもX形、Y形のものなど複雑です。

よく目立つ二枚の花びらの青い色は、鮮やかで上品な古代の王朝で仕《つか》えたような色です。

コヒルガオ
ひるがお科

　アサガオの紫や青い花の鮮やかさには、息をのむような美しさがありますが、ヒルガオの淡い桃色は、葉の淡緑色によく映えて美しい。
　浅いラッパ状の花の先は、やや五角形をしています。奥には、五つの光るくぼみがはっきりと見え、穴の周りが濃い黄色で彩られています。
　昼も二時を過ぎると、花を閉じ始めてしまいます。

ドクダミ
どくだみ科

花びらのような白い葉の真ん中に、黄色い筒のような穂が立ち、独特な花の形をしています。

穂状に集まる小花は花びらがなく、三本の雌しべと三本の雄しべだけでできています。この雄しべの黄色い葯が大きく目立つので、穂状の筒が黄色く見えます。

特有の匂いで嫌われますが、白い花がいっせいに咲く姿は、風格があって見とれてしまいます。

ウツボグサ

しそ科

道ばたに無造作に咲いていますが、濃い紫色の花の美しさには、足を止めてしまいます。高貴な紫色の花の構造もかなり込み入っています。植物全体に毛が多く、とげとげしく、生きているのにカサカサ音がするようです。純粋で、魂が乾いている印象を受けます。

ヤブカンゾウ

ゆり科

赤く濃い黄色をした八重咲きの花は、田の畦《あぜ》などにラッパ状に咲いて、よく目立ちます。
外側の花びらがやや細く、その内側の花びらには濃い赤い筋があり、いずれもそり返ります。中心の花びらは、雄しべとくっついてねじれています。
花のつくりや、色合いの強烈な対比などから、大陸的趣向を感じます。
種子を作らず、代々、地下の根茎から延びてくるといわれますが、親と子をどのように区別するのだろうかと思ってしまいます。

キツネノカミソリ
ひがんばな科

橙黄色の花びらがラッパ状に開き、群をつくって咲く姿には、ついうれしくなります。六枚の細めの花びらが、先を少し反り返して斜め上を向いて咲きます。雄しべの黄色い葯がよく目立ち、ややあせた色合いの橙色は、それでも華やいだ気分にさせます。

秋になると、咲くのが待たれる花のひとつです。

オオウバユリ

ゆり科

大柄で大胆な形をした、うす黄緑色の花は、林の中では不思議な存在感があります。
　六枚の花びらは長く、ラッパ状の花は茎に直角に横を向きます。花びらのすき間からは、雄しべや葯が見えますが、それ以上に開こうとしません。
　ユリの仲間では、控えめにしてかぐわしい、乙女のような香りを放ちます。

ヘクソカズラ
　　あかね科

やや灰色を帯びた白い花の中央が赤い。ロウソクのような長い筒状の花の先は、五つに裂けて、特有のヒダを作っています。筒の中は濃い暗赤色をして、びっしりと毛に覆われ、暗い奥から白いひものような二本の雌しべがみえます。

植物全体もなかなか凝った姿形をしています。

フシグロセンノウ
なでしこ科

林の中で朱赤色の花を見つけると、宝ものに出合ったように心躍ります。群を作ることはなく、あちこちと点在するので、なお貴重な花に出逢った気がするのです。

花びらの橙色は、やや金属的に光りを反射して美しい。花びらのつけ根には、あらたまって描いたような模様があり、白く目立たない五本の雌しべを囲むように、十本の雄しべがつきだしています。雄しべの葯はきれいな紫色をして、五本が上を向き、五本が下を向いてリズムを打っています。筒の奥もきれいな淡い緑色で、花全体が華やいでいます。

クズ
まめ科

立てた桃色の花びらに、黄色の大きな模様がクッキリと浮かびます。その下に真紅の船形の花びらが垂れ、大胆でなまめかしい。花の房の下から徐々に咲いていくので、咲きそろった美しさを見ることはできないが、それぞれ一瞬の美しさを見せてくれます。

妖艶《ようえん》な花の姿に似て、強烈な甘い香りを放っています。

クサギ

くまつづら科

青白く細い花びらからつきだした、糸のように長い雌しべと雄しべ。ぼんぼりのようなつぼみが、いまにも裂けそうに膨らんで美しい。

植物全体が憂いの色に包まれて、特異な花の姿に目を奪われます。

秋の結実期にも、青い実と赤いがくの強烈な色の対比が目を引きます。

カワラナデシコ
なでしこ科

透きとおるような桃色の花は、花びらが深く切れ込んで、か弱さとあでやかさがさらに強調されます。花のつけ根がきれいに包装され、筒の先が五枚に裂け、細かい切れ込みが可憐さをさらに増しています。

いつもの草地が定期的に刈り込みが行われるので、タイミングが合わないと見られなくなります。

土留めの石のすき間から生えている姿を見たときは、壮絶な生命力を見る思いがしました。

ヤマジノホトトギス
ゆり科

白地に紫の斑点模様の花は、鳥か王冠のようにもみえます。
大小の六枚の花びらにも、先が大きく分れた雌しべにもまだら模様があります。雌しべを囲むようにつきだした黄色い雄しべは、雌しべに重なって傘のように開きます。まだら模様のないものに出逢うときがありますが、花びらのつけ根だけは紫色をしています。
葉にも油が滲みたようなまだら模様があります。

ヤマハギ

まめ科

ツクシハギの花

山道に枝を差し出して咲くハギは、風情があって美しい。白と桃色に彩られたあでやかな花が美しく、また細かい花の数々は秋の景色にふさわしい。

ヤマハギとツクシハギは見分けるのがむずかしい。

山道でいろいろな種類のハギに出逢うとうれしくなります。

ツリフネソウ
つりふねそう科

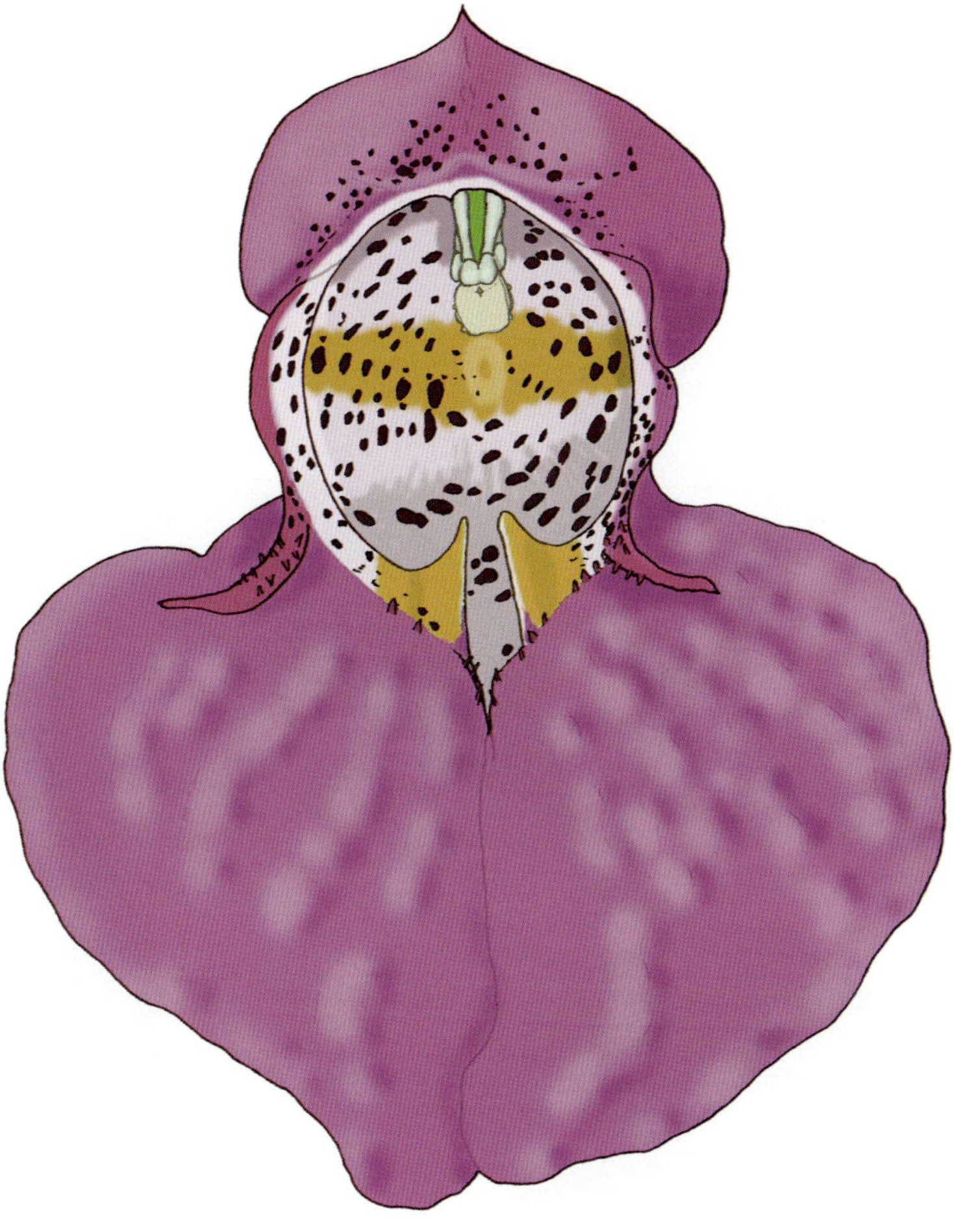

紅紫色の一風変わった花が、ムシを誘っています。
釣り竿《ざお》から垂れたような形の花の尻は、カタツムリのように巻いています。筒の先の赤い花びらも、凝ったつくりをしています。筒の中は、奥まで黄色い筋が走って、無数の紫の斑点が見え、筒の天井からは雄しべと雌しべが束になってつきだしています。花のねらいが分かります。
手の込んだつくりは、創作者がそこにいると想像させてくれます。

ツルニンジン
ききょう科

淡い緑色の釣り鐘形の花は、反り返った花びらが褐色で、注意して見ないと見過ごしてしまいます。
　ずんぐりと太い花の筒をのぞくと、奥の方に鮮やかな青い五角形の枠が見えて驚かされます。真ん中にテーブルのような雌しべがあり、ゴルフ道具のような五本の雄しべが筒にへばりついています。

キバナアキギリ
しそ科

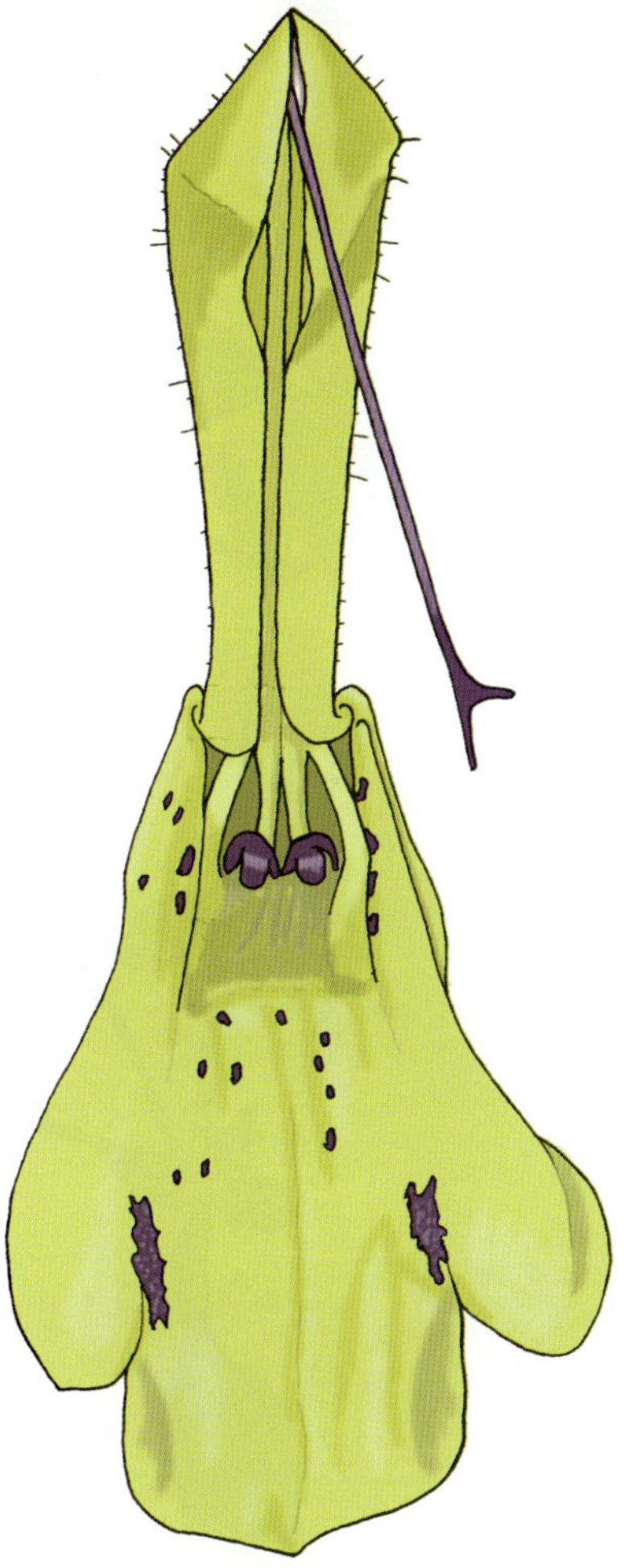

きれいな黄色の唇形をした花から、赤い舌のような雌しべが突き出しています。上の筒形の唇から、赤紫の長い雌しべがつきだしていますが、その筒の中には雄しべが隠れています。

下の唇は三つに別れ、紫色の斑点に混じって、つけ根には紫色のペダルがあります。これが虫に踏ませるテコの仕掛けのペダルとは。

ほこの形をした葉も美しく、キバナアキギリは秋になると会いたくなる花のひとつです。

ナギナタコウジュ
しそ科

うす紫色の花をつけた長い穂状の花は、秋の深まりを告げています。
筒状の唇形の花から二本の雄しべがつき出し、筒の天井にも二本の短めの雄しべがあります。がくや複雑な葉に取り囲まれて花の穂をつくっています。
花の穂は強い匂いを放ち、少し湾曲してそりかえります。

ヒガンバナ
ひがんばな科

朱橙色の線形の花が、群をつくって咲く姿は華やかです。一本の茎の頭に咲く花はひとつにも見えますが、数個の花が輪状に集まっています。

なぜか死を連想させる花です。死に美しさを見いだせるのは若い頃で、死は何もなくなること、すべてが終ること。

ヒガンバナには、美しさと華やかさ、はかなさと悲しさが全て備わっているように思われます。

アキノキリンソウ
きく科

すらりと長い穂状の黄色い花はよく目立ちます。黄色い花は筒状花の集まりで、キクの仲間と分かります。

花の少なくなった林の中に点在する姿は、よく目立つ黄色い炎に似て、森の灯台か森の番人を思わせます。気をつけて帰れよ、と呼びかけてくれているようです。

チャ
　つばき科

陽の当るところを探すように、白い花を下向きに咲かせています。溢《あふ》れるようなたくさんの雄しべ。つぼみが、長い柄をもったぼんぼりのような形をしてかわいい。

天平《てんぴょう》のまほろばに華ひらいた大陸文化。チャノキが渡来してからのち、大陸との間に繰りひろげられた歴史は、幸福なことばかりではなかった。蒙古といえば、泣く子も黙る悪鬼であり、満州といえば、その恩讐《おんしゅう》は今も越えられていない。

ノコンギク

きく科

薄い青紫の花びらのノギク。清涼感のある花は、白や黄色いノギクが多い中で、足を止めてみたくなる。

永遠の英知を持った神も、人が作り出したものではないか。鬼も人なら、神も人。神も鬼もいない、いるのは人だけ。人を作ったものが自然とすれば、自然こそ神。

深まる秋の野で、人と神に思いが至る。

キクタニギク

きく科

花のほとんど見られなくなった晩秋、たくさんの黄色い花をつけたキクタニギクには、たくさんのハチや虫が群れています。気温が下がって、虫たちもいなくなったはずなのに、たくさんの虫たちが集まってきています。

比較的遅れて地上に現れたという、キクの戦略かも知れないと想像する。虫の好む色の花を小さくして集め、ほかの競争相手のいない時期に虫たちを集めている。とにかくおびただしい数の虫たちでした。

植物種名　索引

アオイスミレ　すみれ科　本文20頁

全体にあらい毛の多い粗な感じのスミレ。スミレの仲間で最も開花が早い。葉がフタバアオイに似ているのでついた名。

アオキ　みずき科　44

山地に生える常緑低木。葉質は厚いが柔らかく、つやがあり葉のふちは荒いのこぎり状のぎざぎざがある。雌雄異株、葉は傷つくと黒変する。果実は十二月～四月にかけて赤く熟す。宮城県が北限。雌株は庭に植えられ、斑入りの品種がある。葉は家畜の飼料になるという。

アキノキリンソウ　きく科　142

黄色の頭花は八～十月頃に開く。たいへん多型な植物で、高山、北部海岸、屋久島など多くの変種がある。舌状花は雌性、筒状花は両性。日本名は秋に咲くキリンソウで、花の美しさをキリンソウ（べんけいそう科）にたとえたもの。別名アワダチソウは豊かに盛り上がる花の集まりを酒をかもしたときの泡にみたてもの。

アセビ　つつじ科　16

葉は革質、へりにごくかすかなきょ歯がある。花は壺状で白く下を向くが、果実は上向きとなる。主に照葉樹林に生える暖帯の低木で、山形県・岩手県以南に分布する。分枝多く、高さは1・5～3メートルになる。有毒植物で、その葉を煎じて菜園の殺虫剤に用いる。昔は漢字で馬酔木と書いた。古名のアシビは「足しびれ」がなまったものといわれる。

アブラチャン　くすのき科　14

谷ぞいの水辺に多い。昔、果実や樹皮の油を灯火用にしたといわれている。雄株と雌株があり、葉に先立って小さな花がかたまって咲く。雄花の雄ずいは九個が三輪に並び、最内輪の花糸の基部左右に腺体がある。チャンはピッチのことで、石油を蒸留したあとに残るネバネバしたカスのこと。

アブラツツジ　つつじ科　76

葉は枝の先に数個叢生し、基部はくさび形。六～七月頃、枝の先に総状花序を下垂し、緑白色の花をひらく。花冠は下向きに咲き、球壺状、先はつぼんで短く五裂し、裂片はそりかえる。葯は二個の角状突起をもつ。葉の裏面が滑らかで光沢があり、ちょうど油を塗ったようであることに由来する。関東地方、中部地方以北。

ウスバサイシン　うまのすずくさ科　42

山の木陰に生える多年草。地下茎の先につく長い柄のある二葉の間から一花がでる。葉の基部は深くハート形にへこみ、多くのカンアオイ類に比べると質がうすく光沢がなく、冬枯れる。花は暗赤色、六室からなる子房はバースデーケーキのような形。サイシンは「細辛」と書き、地下部に苦みがあって、古来有名な薬草。花期は三〜四月。

ウツボグサ　しそ科　110

日当たりのよい山野の草地に生える多年草で、短い走出枝を出す。花冠は濃紫色で上唇はかぶと状、下唇は三裂して中央片は芽歯がある。花はうちわ形をした大きな包葉に抱かれている。下唇の中央裂片の縁が細かく切れ込むのはあまり他に例がない。別名カコソウは中国名「夏枯草」に由来。夏になると花穂は枯れて黒っぽくなる。この穂を夏枯草という。日本名は花穂の様子が弓矢を入れる靭（うつぼ）に似ているのでいう。

エイザンスミレ　すみれ科　23

地上茎はない。葉は先ず三裂、つぎに側方に出た二裂片がさらに二裂、それぞれの裂片がまた裂けるので混み合った形になる。花がすむと裂片がほとんど裂けない小葉が出て、まるで別物のように見える。花は淡紅色まれに白色で紫色のすじがあり、個体により香りがある。日本名は比叡山に生えるスミレの意。エゾスミレともいうが蝦夷（北海道）には分布しない。

エゴノキ　えごのき科　98

北海道から中国の亜熱帯まで分布。山野の小川のふちなどにはえる落葉小高木。花は白く星形で下向きに咲く。果皮にサポニンが含まれ、洗濯や魚とりに使った。和名はえごいことによるという。別名ロクロギは材をロクロ細工に用いたことから。

エンレイソウ　ゆり科　32

山地の湿った林の下に生える多年草。茎頭に三枚の葉が輪生する。単子葉植物だが網目状葉脈を持つ。茎頂に花を一個着ける。がく片は三枚、緑色で内面は暗紫色を帯びる。普通花弁はないが、まれに紫褐色または白色の小さな花弁をつけることがある。白い花弁を持つものをシロバナエンレイソウという。花期は四、五月。ゆり科には、がく片、花弁、雄しべ、雌しべの子房室の数が葉と同数または倍数になることがあり、本種もその一例。有毒植物。和名延齢草。

オオイヌノフグリ　ごまのはぐさ科　10

道ばたや畑地などに生える二年草。茎は寝た下部から先の方が立ちあがり、やや長い毛が生える。葉は下部の少数を除けば柄がある。一葉ごとに長い柄のある一花がつく。がくも花冠も深く四裂し、果実は扁平で、先がハート形にへこむ。合弁花だが深い切れ込みがあり、四裂した裂片の色には濃淡があり、大きさも違う。よく見ると、裂片に入っている縦線の数も異なる。さらに、裂片の向きにも上向き、下向きの傾向があるようだ。西アジアからヨーロッパ大陸原産の植物といわれ、明治の中頃帰化。花期は二～四月。花は晴天の日の朝に開く。この種とは別に在来種イヌノフグリがあるが、俳句の世界ではオオイヌノフグリの方をイヌフグリとよんでいる。

オオウバユリ　ゆり科　116

森林中に自生する多年生大型草本で、おおよそ1㍍半程度の高さ。ウバユリとよく似ていて区別の困難なことがあるが、後者は西南日本の低山地を中心に発達したのに対し、本種は東北日本を中心としてそれより寒い山地を適地として発達した、ごく近い二種類と見られる。主な相違点は全体が壮大であること、葉が丸みが強くて広楕円状心臓形であること、花序につく花数が多く十～二十花をつけることである。花期は七、八月。花は夕方に開き、咲き始めは強い香りがする。数年かかって成長し、一回花を咲かせ実を結ぶとその株の一生は終ってしまう。

カキドオシ　しそ科　80

茎は春にはほぼ直立するが、夏に入るとつるのように伸びて地をはい回る。花は淡紅色から紅紫色で、下唇は上唇のほぼ倍の長さがあり、濃色のはん点を持つ。日本名は、伸びた茎が垣を通り抜けるから「垣通し」。

カスミザクラ　ばら科　48

別名ケヤマザクラ。山地に生える落葉高木。若葉は普通緑色。花は四、五月。花はヤマザクラより二週間ほど遅く、葉と同時に開く。花弁は淡紅色。

カタクリ　ゆり科　34

花被片は六枚で外側の三枚はがく片、陽が当るとともに強くそり返る。花をつけるには八年かかるという。鱗茎にはデンプンが多量に貯蔵され、これが片栗粉となる。都会の雑木林では幻の花になってしまった。古名カタカゴ。片栗はクリの子葉の一片に似ているからという。種子にはエライオゾームというアリが好む付属物が付いていて、アリに種子を運んで貰う。

カワラナデシコ　なでしこ科　126

山の明るい草原に生える多年草。花は淡紅色、まれに白色。がくは長い筒形で、包葉に包まれる。花弁は五枚。上方の幅の広い部分は舷部と呼ばれ、ふちは糸のように細く裂ける。秋の七草のひとつとして知られた植物。単にナデシコとも呼ばれ、かれんな花の様子に基づいたもので、カワラナデシコは河原に生えるから。別称ヤマトナデシコは、姉妹品のセキチクの別名唐撫子（からなでしこ）に対していったもの。

キクザキイチゲ　きんぽうげ科　28

別名キクザキイチリンソウ。四月ころ明るい林内に群生して咲く。葉は根生といって花と別に伸びて開く、絵の葉は包葉という。花弁はなく、花びらに見えるのはがく片。花は淡い紫や淡紅色から白まで変化が多い。日が当たると開く習性があり、日を浴びて一杯に開く姿は美しい。アネモネ属。

キクタニギク　きく科　148

山のやや乾いたところに生える多年草。頭花多数が傘を広げた形に集まる。中部地方以北で黄花をつける野生ギクはまずこれ。別名アワコガネギクは泡黄金菊の意で、密集する泡のような小黄花に基づいて名付けられた。菊谷菊は京都のこの菊が自生する地名に基づく。秋咲きのキク状花を咲かせる山野草には「キク」の名を冠したものが多く、これらをひっくるめてノギクと呼ばれる。これらを栽培菊の原種と思われることがあるが、栽培菊は中国原産の園芸種である。

キジムシロ　ばら科　51

日当たりのよい草原に生える多年草。茎は数本斜めに立ち、つる状に伸びるものはない。根元から出る葉は五〜七小葉からなる羽状複葉、葉面や複葉の中軸には立った長い毛が多い。花は黄色の五花弁で、径1・5チセンほど、それぞれの花茎上に十個内外が着く。日本名はキジの座るむしろの意という。花期は四〜八月。

キツネノカミソリ　ひがんばな科　114

林の中に生える多年草。花時に葉のないことや全体の形などヒガンバナによく似るが、花は朱色、花弁は斜めに開くだけで反り返らない。葉は早春に出て夏に枯れ、枯れると直ぐ花茎が伸び出す。卵形の球根にリコリンなどのアルカロイドを含み有毒植物に数えられている。日本原産。花のあとに出来る果実は、三つの室に別れて中に球形の種子を納めている。日本名は狐の剃刀の意味でその葉の形によるものである。

キバナアキギリ　しそ科　136

山の陰に生える多年草。全草まばらに毛があり、葉は基部が左右にはりだしてほこ形をしている。花冠は淡黄色。花は正面から見ると、おしべの一部が淡紫に染まって目立つ。これを指先で下に押すと、おしべがてこの仕掛けで動き、もう一つの葯室が下りてきて、指の背に花粉をなすりつける。サルビア（ひごろもそう）はブラジル原産であるが、アキノタムラソウやキバナアキギリなどと同じ仲間である。

キブシ　きぶし科　24

山地に生える落葉低小高木。雌雄異株。花は早春、若葉より早く穂を垂れて咲く。黄色から淡黄色で四弁。雄花は雌花よりやや大きい。果実を染料やインク製造に使った五倍子（ふし）という木こぶの代用としたため木ブシまた一名マメブシの名がある。実は黒染料、材は酒樽の栓、楊子などに用いる。

キランソウ　しそ科　40

日当たりのよい原野や丘陵の草地や道ばたなどに生える多年草。茎は四角形で、地面に伏して四方に広がり、直立しない。全体に縮れた白い毛がある。根もとの葉はロゼット状。花は濃い紫色の唇形花。春の花期には小型だが、夏には葉も茎も数倍に大きくなる。別名ジゴクノカマノフタは春の彼岸の頃に花が咲くからという。ほかに地獄の釜の蓋をふさいで病人が入るのを追い返すという意味で、薬草としてよく効くというところから付けられたという説もある。干してせんじたものを熱冷まし、高血圧の薬にする。

ギンリョウソウ　いちやくそう科　90

別名ユウレイタケ。山地や丘陵地の暗い林の下にはえる腐生植物。白色だが、傷ついたり乾いたりすると黒くなる。葉は鱗片状で互生し、下部では密に上部ではまばらにつく。

クサギ　くまつづら科　124

葉は対生し、花は白色で多少ピンクをおびる。果実は青色で、大きく育った赤いがくに包まれ、花の時より目立つ。葉をもむと強い臭気がある。果実を染料とし、ときに若葉を食用にする。

クズ　まめ科　122

大型のつる性の多年草。根は太くて長くのび、でんぷんを多量にふくむ。花は長さ18～20ミリの紅紫色か、まれにほとんど白色の蝶形花である。クズは、先ず花の香りで、次に色で花のありかを知らせ、旗弁の黄色い蜜標でミツを出す場所を示す、というように三段階で虫を誘い、花粉を運ばせる。暑い日は、三つの小葉を淡緑色の裏を外側にしてたたみ、光合成を休んでいる。根を刻んで乾かしたものを「葛根」と称し、風邪薬として有名な葛根湯（かっこんとう）の原料になる。クズの名は、大和の国の栖（くず）という地名に由来し、昔ここの人たちが葛粉を作って売り歩いたためといわれる。

コヒルガオ　ひるがお科　106

ヒルガオよりひとまわり小さく、葉の下部が左右に張り出して二裂している。漏斗型の花をのぞいてみると、黄色みを帯びた基部に五つのへこみがあってミツを貯えているのが見える。実をつけず、もっぱら地下茎で増える。がくを二枚の苞で両側から包むような形をしているが、苞片の先が、ヒルガオでは丸みを帯びてややくぼむが、コヒルガオはとがっている。

ゴヨウツツジ　つつじ科　66

別名シロヤシオ。本州、四国の深山に生える落葉低木で、高さは6メートルになり、よく分枝する。葉は枝の先に五個輪生状に出て、ふちは多く赤味があり、緑毛がある。初夏の頃、枝の先に白色で柄のある花を一～二個開く。花冠は広い漏斗形で、上面に緑色の斑点がある。雄しべは十本、雌しべは一本。日本名マツハダは松膚の意味で老木になると幹が松の樹皮に似てくるのでこの名が付けられた。

シャガ　あやめ科　56

林の中にしばしば大群落を作る多年草。葉は二列に並び、なめらかでやや厚く光沢があり冬も枯れない。茎はほぼ一平面上に枝を分け、それぞれの枝に数個ずつ淡青紫色花をつけ、それぞれの花の柄の下にはさや状の包葉がある。がくに当る外花被片にとさか状の突起がある。多数の花を着けるが一日花で、午後を過ぎるとしおれる。雌しべの先は深く三裂、これも花弁のように見え、裂片の先の付属体は深く切れ込んで房のようになる。三本のおしべはめしべの裂片の裏側に隠れている。もともと中国原産で、栽培されたものが野生化したらしく、日本名シャガはヒオウギの漢名・射干を誤用したものといわれている。三倍体であるため熟さないので果実には種子を見ない。

シュンラン　らん科　30

山の林の中にはえる常緑の多年草。花はうすいりん片におおわれた茎の先に一個ずつつき、唇弁は白色で濃赤色または紫色のはん紋があり、他の花被片は淡緑色。観賞用としてときに栽培され、花は塩漬けにして吸い物に用いられることがある。別名ホクロは唇弁にある斑点を顔面のほくろにたとえたもの。ジジババとよぶところもある。シュンランは漢名の春蘭から来ているが真の春蘭は本種の近似種で別とも。

スイカズラ　すいかずら科　100

常緑の木本で、右巻きのつるが長く伸びる。冬の間もしおれない。そのため漢名を忍冬・ニンドウという。初夏に葉腋に芳香のある花が二個ならんで咲き、しばしば枝先で花穂状になる。花の下には葉状の包葉が対生してつく。花は白色または淡紅色、のちに黄色に変わってしおれる。それゆえ金銀花の漢名もある。日本名スイカズラは花中に蜜があり、これを吸うときのくちびるの形に花冠が似ていることから来ている。白花がいちばん香りが強くミツの甘みが濃いという。

タチツボスミレ　すみれ科　22

山野の道ばた、草原、林の下などによく見られる多年草。変異も多く、いろいろの変種や品種が知られている。春先に根生葉だけで地上の茎はないが、後に地上に茎を伸ばして高さ20〜30チセンに達する。葉は互生し、長い葉柄がある。花期は三〜五月。全国に分布。

チゴユリ　ゆり科　58

地中を横にはう長い根茎があって増えるので、地上茎はしばしば多数群生。がく片と花弁を合わせた花被片六はほぼ同型。果実は丸く、径1チセンほど、熟すと黒くなる。稚児百合はその可憐で小型の花に基づいて名付けたものである。

チャ　つばき科　144

暖かい地方の山には野生するのもあるが、普通は葉を摘んで茶をつくるために茶園に栽培される。葉にはきょ歯があり堅く、表面につやがあり、支脈の間は表面にややふくれあがった凸面となっている。花は秋に葉腋に点頭して下向きに咲き、緑色の花柄があり、つぼみは球形である。さく果は次の年の秋に熟し、ゆがんだ球形で、鈍く三稜があり、三室からなり、各室の中間で胞間裂開し、暗褐色の大きな三個の種子を出す。渡来については諸説あるが、わが国に広まったのは、一一九一年に栄西禅師が宋から種子を持ち帰り、「喫茶養生記」を著して長寿の薬として推賞し、寺院の庭などで栽培が始まった鎌倉時代からといわれる。

ツクシハギ　まめ科　131

山地に生え、高さ2〜4メートルになる。枝はよく伸び、始め細かい伏毛がある。葉は三出複葉。がくは四裂するが先はとがらない。

ツクバネウツギ　すいかずら科　84

山地に多い落葉低木で子枝が多い。葉は対生。五月ごろ黄白色の花が集散花序を出して美しい。がく片は五個、花冠は筒状鐘型。日本名、衝羽根空木の衝羽根（つくばね）は果実の頂に永存する五がく片の様子から羽根突きの衝羽根状にちなみ、空木（うつぎ）は木の姿がウツギに似ているから。

ツクバネソウ　ゆり科　78

深山の林中にはえる多年草。茎は直立、高さ15〜40チセン。

葉はその頂にふつう四枚輪生。葉柄はなく、三本の主脈が目立ち、横の脈で結ばれる。四葉の中心から出た柄の先に淡黄緑色の花一個をつける。花は外花被片（がく片）四、内花被片（花弁）はない。花は五〜八月。果実は球形で紫黒色に熟す。熟した黒紫色の実が上向き、花被片があたかも羽根のように反転してツクバネに酷似して見える。ゆり科の花はほとんどが三数性であるが四数性のツクバネは異色といえる。花を上から見ると、葉と葉の接点上に花びらがあり、葉の真上と花びらの真上におしべがあるという正確な位置関係にある。

ツユクサ　つゆくさ科　104

夏に葉と対生して苞葉に包まれた総状花序が苞葉外に出て青色花をひらく。苞葉はふたつに畳まれてピッタリくっつき歪んだ卵円形で、先端はとがる。花は外側の下につく花びらの三枚は無色で小さく目立たないが、内側につく花びら三枚のうちの二枚は丸く大きく、耳を立てたように開き青く色づく。残る一枚は小さくて大きく開く二枚の陰に隠れて見えない。ちょっとみると花びら二枚に見えるが、実は計六枚あることになる。二個のおしべは花糸が長く、葯は花粉を出すが、残りの四個は葯が変形して仮雄しべになっている。苞の中に数個のつぼみが隠れていて、順に一日一花咲く。ふつうは一箇所からひとつの花を出すが、同じところから上下ふたつの花を出しているものもある。この場合上の花は雌しべのない雄花で、下の花は雌しべと雄しべをつけた両生花。ひとつだけの花はすべてこの型。雄しべの葯は、長い一本が楕円形、一番奥の三本が十字形またはX形で、中間の長さの一本はY字形をしている。日本名露草は露を帯びた草の意味、帽子花はピッタリくっついた苞葉の様によるもの。ツキクサは古名。着草の意味で花で布を刷り染めしたからである。月草と書くこともある。夏の朝早く、露に濡れて青色の涼しげな小花を開き、昼にははかなく命を終えるので露草と名づけられたとも。この花で染めた色は変わりやすく、水に落ちやすいので、のちには絞り汁で紙を染め（青花紙）、それを水に浸して友禅染などの下絵描きの染料に用いるようになった。

ツリフネソウ　つりふねそう科　132

各地の山麓の湿ったところや川辺に生える一年草。秋に茎の先に紅紫色の花を数個つり下げる。うしろに長く突き出た筒状の距の先が巻いていて、ここに蜜を貯めて虫たちを誘う。花の形がそっくりで黄色いのはキツリフネ、距は巻かずに下方に湾曲している。ホウセンカの仲間で、熟した種子が勢いよくはじけて飛び出す。がく片と花弁は三枚ずつあるが、それぞれの形は大きく異なっている。すなわち、一つのがく片が大きく筒となり、側方の二枚の花弁が下向きに開いている。トラマルハナバチがやってくると、蜜を吸うときハチの背中がめしべやおしべをこすり、花粉の媒介が行われる。クマバチもやってくるが、かれらは花の中へは入りこまず、距のところに取りつき、距を食い破ってミツを採る。これを盗蜜と呼んでいる。距は鳥のけづめに見立てた学術用語で、蜜を生産し貯めておく器官。普通は花弁が変化したものが多いが、ツリフネソウ類はガクが変化したもの。

ツルニンジン　ききょう科　134

山の林縁に多いつる性の多年草。花期は八～十月。ニンジンは野菜のニンジンではなく、漢方薬のチョウセンニンジンの根に似るのに由来。根が太くなる。茎を切ると乳液が出る。

ドクダミ　どくだみ科　108

四枚の花弁に見えるのは総苞で、本当の花はその上の棒状の花穂に密生する淡黄色の小花で花弁がない。小花は受粉しないで種子ができる。ドクダミの名は「毒痛み」とも、「毒を矯（た）める」意だともいわれ、十種の薬に相当する効能があるとして、別名を十薬（じゅうやく）ともいう。若い花穂は四枚の苞葉で包まれるが、内側の小さいのを左右から二枚、さらにその上を大きい苞葉が包んでいる。従って、開花したときの白十字の苞葉は、必ず大きいのと小さいのが向きあってついている。

ナギナタコウジュ　しそ科　138

山地の道ばたや林縁などに生える一年草。茎はにぶい稜のある四角形で高さ30～60㌢になる。花は枝の先に穂を立て、外側に片寄って淡紫紅色の小さな唇形花を密生する。花穂が曲がる様子をなぎなたに見立てて名付けられた。花期は九～十一月。シソ科の植物には強い香りを持ったものが多く、これを干したものを香薷（こうじゅ）と呼び、解熱剤、利尿剤などとして利用されている。

ニッコウキスゲ　ゆり科　70

本州中部以北の高原に生える多年草で、しばしば見渡す限りの大群落で山を埋め尽くす。葉は柔らかく、花茎に数花をつける。花柄が特に短く、橙黄色で昼に開く。朝開いて夕方には閉じる一日花。日本名ゼンテイカには禅庭花の文字を当てているがその由来は不明であり、ニッコウキスゲは栃木県の日光に基づいた名である。

ニリンソウ　きんぽうげ科　36

やぶかげや林の中に生える多年草。根生葉は柄が長く、葉身は基部まで深く三裂または五裂、さらに裂片が深く切れ込み、葉面には淡白色の小班点がある。花茎は高さ12～20チセン、途中につく柄のない三葉（総包葉）の中心から長い花柄が一～四本出て、それぞれに先に一花をつける。花は径ほぼ2チセン、花弁はなく、花弁のような白いがく片五～七個、多くの雄しべ、十個内外の雌しべからなる。「二輪草」の意であるが、花数は二輪とは決まっていない。花期は三～五月。

ノアザミ　きく科　94

アザミの仲間はわが国だけでも六十余種を数えるが、ただ一種春に咲くのがノアザミ。葉は羽状に切れ込み、縁に鋭いトゲがあり、茎は上方で枝分かれすることが多い。先端に半球形の管状花ばかりの頭花をつける。花の突け根の総包にさわるとべたべたするのが特徴。虫がとまると、筒状花の花粉が自動的に押し出されて虫の体につく。その名はあざる草（狂い戯れる草）の意。

ノイバラ　ばら科　86

初夏に芳香のある白い花が咲く。鋭いトゲが多い。丈夫で繁殖力があり、接ぎ木の台木にも使われる。

ノコンギク　きく科　146

山の草原に生える多年草。花は淡紫色、かさを広げた形に並ぶ。変異性に富み非常に多くの変種や品種がある。栽培種をコンギクとよび、花数が多く、葉のきょ歯の深いものが多い。日本名ノコンギクは野にある紺菊の意味である。

ノハナショウブ　あやめ科　102

直立した葉身には、にせの中央脈があって両面に突き出し、はっきりしている。花はやや赤味のある紫色で、外花被三枚は大型で基部は黄色である。内花被三枚は小型で直立する。花柱は三分し、この背裏におしべ三本を隠す。ショウブはサトイモ科の植物で、葉に強い芳香があるので端午の節句に軒に刺して邪気を払う風習がある。ノハナショウブはアヤメ科でまったくの別種。ハナショウブは、葉がショウブに似て花が美しいことから名づけられた。

ハナイカダ　みずき科　62

葉の中央脈の上に単色の花がつき、黒色の実がなる、花が葉の筏に乗っているという見立て。雌雄異株。雄花は数個、雌花は通常一個。牧野植物図鑑では「三〜四弁の花をつける。雄花は花弁が四個で雄しべ四本、雌花は花弁三個で一個の雌しべがあることが多い」とある。花のあるところまで葉脈が太く、その先は細くなっている。これは葉のつけ根から出た花の軸が葉柄に癒着したことを表している。北海道（南端）以南に分布。別名ヨメノナミダ。

ヒガンバナ　ひがんばな科　140

茎の先に真紅の花を数花輪状に開き、長いおしべを突き出す。三倍体で種子が出来ない。花が咲く頃には葉がなく、花後に光沢のある細長い葉を群生し、翌年三、四月頃枯れる。中国、東南アジア原産である。鱗茎にリコリンを含む毒草であるが、飢饉の際の救荒植物であったようだ。別名マンジュシャゲ、ジゴクバナ、シビトバナ、ヤクビョウバナなど。種が出来ないため〝変わり物〟が出来ない。遺伝的組成が同じだから気象条件を反映してお彼岸ごろになるといっせいに咲き出す。ほかの多くの植物は、日本の南と北で花の時期が違うのが当たり前になっているが、ヒガンバナは不思議なことにほとんど変わらない。

フキ　きく科　26

茎は地下茎、花と葉だけが地上に出る。早春に根茎から花茎（これをフキノトウという）を出し、大形の鱗状包を多数つけ次第に花茎がのびる。フキには雌株と雄株がある。雌株の花は白く、雄株は花粉をつくるのでやや黄色っぽいから、慣れると遠方からでも見当がつく。雄のふきのとうはまもなく枯れ、雌のフキのとうは数十センチも延びて果実を結ぶ。不稔の三倍体と種子の出来る二倍体がある。三倍体では果実は出来るが発芽しない。不稔性のため変わり物が少ない。

フサザクラ　ふさざくら科　18

山地の渓流沿いに生える落葉小高木~高木。葉身はふちに重きょ歯があり、先は急に長尾鋭尖頭となる。開葉前に暗紅色の花を開く、両性花で花被はない、花期は三~四月。

フシグロセンノウ　なでしこ科　120

山の木陰にはえる多年草。茎の節のところだけ黒紫色なのでフシグロの名がある。花は花弁五、白い爪部（そうぶ）と朱赤色の舷部（げんぶ）とからなる。フシグロセンノウ（節黒仙翁）とは、京都嵯峨の仙翁寺に植えられたことからセンノウと名づけられた近縁の植物に似ていて、節が黒いという意味。現在、京都市内には仙翁寺という名の寺はない。別名オウサカソウともいい、地方によってベニバナとも。子供がお膳を作って遊ぶのでオゼンバナとも。「ごとく花」というときは、「花をばらして三角形の花弁を三枚重ね合わせると、柄の部分がごとく（五徳）の足の形になる」という。花弁の裏の色が異なるリバーシブルになっていて、鈍い銀色に輝く。

フジ　まめ科　64

日本にはフジ（ノダフジ）とヤマフジ（ノフジ）の二種類がある。フジは本州・四国・九州に分布するがヤマフジより園芸種が多く、観賞用に広く栽培されて、右巻きである。葉は互生、奇数羽状複葉。名前はフジの名所、大阪市野田藤之宮からとったもの。ヤマフジは本州中部以西に自生し、フジより花期が早く、花房は短いが花が大きく、つるは左巻き。フジは花房中で漸次に先に向かって開花する。ヤマフジの花は花序中でほとんど同時に開花する。

フタリシズカ　せんりょう科　92

山の木陰に生える多年草。枝はなく、頂上に二対まれに三対の葉が十字形に対生。その中心に一から五本の白い花穂がつく。花はがくも花弁もなく、三個のおしべと一個のめしべから出来た花で、白く見えるものはおしべでその内側に葯がついている。

フデリンドウ　りんどう科　54

日当たりのよい山野に生える二年草。茎は高さ5~10セン、厚ぼったい小さな葉が対生、下面はしばしば赤紫色に染まる。花期は四～五月。茎の頂に数個の青紫色の花を集まってつける。花冠は長鐘状でふちは五列、裂片の間には副裂片があり、日中に開く。筆竜胆。茎頂につく花のつぼみの状態が筆の穂先を思わせるためという。

ヘクソカズラ　あかね科　118

多年生のつる草。茎は右巻きにからみ、全草に悪臭がある。葉柄の基部には、茎の上に三角形のりん片がある。これは左右の托葉が合成したもので、葉間托葉または合成托葉とよばれる。花は長さ1センチほどの筒形で花冠の先は五裂、筒部の外面は白色、内面は暗紅色に染まる。長い二本の花柱があり、おしべは五本で花糸は短く花冠の内面に着く。クソカズラの名で万葉集に詠まれ、サオトメバナの名は花を早乙女の笠と見たてたもの。ヤイトバナは花の中央がお灸のあとに似ているから。

ホウチャクソウ　ゆり科　60

林の中、やぶかげなどに生える。花は枝先に一個ときに二個、垂れて咲き、花被片は六で基部が小さな袋のようになり（距とよぶ）ここに蜜がたまる。下半分は白色、上半分は淡緑色。おしべ六、めしべ一の三数性。日本名のホウチャクは「宝鐸」で寺社の軒先につるす飾りのかねのこと。

ホオノキ　もくれん科　74

日本特産の高木で、葉も花も特別大きい。葉は昔、食物を盛るのに用いられ、材も柔らかくきめが細やかなので刀のさや、版木、下駄などに用いられた。

ホタルブクロ　ききょう科　95

山の草原や林のへりなどに生える多年草。初夏の頃、茎の上部で枝を分け、長さ4～5センチのつりがね形の花が下向きに咲く。がくの裂片五は幅が狭く、その間にさらに小さな裂片があって上向きにそりかえる。花冠は白色、まれに淡紅紫色で内側に紫色の斑点がちらばる。日本名はこどもがこの花でホタルを包むので起こったという。山地に生えるものをヤマホタルブクロと別種扱いにされることがある。ホタルブクロのホタルは蛍とは関係がなく、〝火垂る〟で、提灯のことであるとの説もある。

ホトケノザ　しそ科　8

畑や道ばたに生える。花を仏に、葉を台座に見立てた名。春の七草の一つのホトケノザはキク科のタビラコのことで混同される。ホトケノザの仲間にオドリコソウがあり、ヒメオドリコソウは帰化植物。

マムシグサ　さといも科　68

林の中の腐植質の多いところに生える多年草。ふつう葉は上下二枚つき、下の方が大きくて七～十七個の小葉に分かれる。仏炎包は淡緑色のものから黒紫色のものまであって白い筋が通っている。花軸は仏炎包の外まで伸び出すことはなく、先にキャップのような付属体が付き、付属体の太さ、形にも変異が多い。マムシグサの仲間は二十～三十種あるといわれ、分類が難しい。雌雄異株。雄株の花の柄は細く、苞の合わせ目は基部が3ミリほど開いていていて花粉を付けた昆虫が雌花まで飛んでいくための脱出口となっている。マムシグサは土の中にある球形の茎が小さいうちは雄で、大きくなると雌に変わるという性転換をする。日本名のマムシグサは偽茎面のまだらに基づいた名で、別名ヤマコンニャク（山蒟蒻）は山に生えるコンニャクの意味。

マンサク　まんさく科　12

葉に先立ち早春に糸のように細い黄色（ときに赤色）の花弁をもつ花が一面に咲く。がく裂片は楕円形、外にそりかえり、内面は平滑で暗赤紫色をおび（緑色のものもある）、外面は褐色の短毛が密生。葯は暗赤色をおび、前方に弁がまくれ上がったようになって二室に開く。仮雄ずいは花糸よりわずかに短い。花期は二～三月。温暖帯の小高木で石川県・青森県以南に分布。日本名は「豊年満作」とも「まず咲く」の意ともいう。材が粘り強いのでひろく結さく用に用いられ、カンジキなどもつくる。茶花に用いる。

ミツバツチグリ　ばら科　50

山やあぜ道などにも生える多年草。茎は走出枝（ランナー）をのばして地をはう。葉はみな三小葉よりなり、花茎は立ちあがって多くの花をつけ、黄色の五弁花。根元の葉が大きく、走出枝の先の葉ほど小さくなる。花は四～六月。日本名はツチグリに似て、三小葉しかないという意味で、根茎は固くて食べられない。しばしば高山まで分布し、ミヤマキンバイと混じって生えることもある。

ミヤマキケマン　けし科　73

黄花種にはヤマキケマンとミヤマキケマンがあり前者は小さいが後者は大きい。後者はミヤマというが低地帯に多い。

ムラサキケマン　けし科　72

やぶ陰に普通な越年草。茎は直立し無毛でやや稜がある。四〜六月頃紅紫色または白色に一部紅紫色の斑点のある花をつける。葉は二〜三回深く切れ込んだ複葉で、小葉もまた深く切れ込む。がくは肉眼で気づかぬほど小さい。花茎の下部から上部に向かって順に開花する。上側の花弁が特に発達して距を作り、下側に距を持つスミレの花と逆である。日本名ケマンは華鬘で仏前に天井からつるす金銅製の飾りもので、花穂をこれに見たてた。

ヤブカンゾウ　ゆり科　112

土手、野原などに生えている。花はおしべの全部または一部が花びらのようになって八重咲きになるのが特徴。三倍体なので結実しない。中国が原産で古い頃に渡来し全国に広まったと見られている。

ヤブデマリ　すいかずら科　88

やや湿地に生える落葉低木。枝は分枝してこんもりと茂る。花は散形状となる。花序は外側に大きな装飾花（中性花）が開いて中央の正常の花を囲む。正常の花は花冠が五深裂、雄しべは五本で花冠よりも長く淡黄色の葯がある。果実は秋に熟し、赤から黒色。福井県・岩手県以南に分布する。日本名の藪手鞠はやぶに生え花序が丸いから。アジサイとよく似ているが、この装飾花は花冠の拡大であるが、アジサイではがくの拡大したもの。

ヤマジノホトトギス　ゆり科　128

山地に生える多年草。葉の基部は茎を抱く。茎の先端と葉の脇に毛の生えた花柄を出し、白色で紫色の斑点のある花を一〜三個開く。花被片は六個、反り返らない。花期は八〜十月。名前は花被片の斑模様を鳥のホトトギスの胸斑に見立てたもの。

ヤマツツジ　つつじ科　52

庭のツツジやサツキの咲き終わった頃、山野に比較的長く咲いている。赤い花は山の斜面をいろどり、目を引く。葉は春に出る春出葉と夏に出る夏出葉とある。冬を越すのはやや小さく厚い夏出葉である。思わぬ時期に咲いて驚くこともある。北海道から九州まで広く分布する。ツツジの仲間は大変多く、個性的なものも多い。昔から人に愛されて園芸種もたくさん造られている。

ヤマハギ　まめ科　130

山野に生え、高さは約2メートル、枝はほとんどしだれない。葉は三出複葉。裏面は微毛があって白色を帯びる。がくは四深裂し、先は長くとがる。花は紅紫色で旗弁は大形、翼弁と竜骨弁は同長。豆果は一個の種子を生ずる。

ヤマブキ　ばら科　38

日本各地及び中国に分布し、山間の川沿いや崖の上に生えるが、庭に栽植される落葉低木。花は晩春から初夏、3～5センチの黄色。山吹の語源は山振という。枝が弱々しく風のまにまに吹かれて揺れやすいことを表す。林の縁に多く、束をなして群生する。その色は輝くようで、昔大判、小判の黄金色をやまぶき色といった。

ヤマブキソウ　けし科　46

山地に生える多年草。茎は柔らかく、切ると黄色い乳液が出る。葉は切れ込みの細かいきょ歯を持つ。花は黄色の四花弁でその名のようにヤマブキを思わせて美しい。

ヤマボウシ　みずき科　82

花の集団の周りを白い花弁のような四枚の葉（総包）が取り囲み、中心に二十個ほどの小花が集まって一つの花を形づくっている。近年、都会地には米国産のハナミズキが広く植えられているが、総包は白かピンクで先がくぼんでいて形が違う。秋田、岩手県以南に分布。頭状花序を比叡山の僧兵の頭、総包を白い頭巾に見立てたものである。総包の寿命はひと月と長い。秋になって球状の集合花は赤く熟して食べることができる。別名ヤマグワは食用となる集合果をクワの実に見立てた。

ユキノシタ　ゆきのした科　96

半常緑多年生草本で、本州から九州まで、岩場や湿ったところに自生するが、庭園にも栽培される。葉はロゼットにつき、上面は黒っぽい緑色で白っぽい脈があり、裏面は暗赤色である。五～七月に茎の上部に多数の白花が円錐花序となって開く。花序には紅紫色の腺毛が密に生える。花弁は上の三弁は小さく淡紅色で、濃い紅色の斑点がある。下の二弁は上弁の四～五倍の長さがあり垂れ下がる。アオユキノシタ、シロミャクアオユキノシタなどの変種がある。日本名は、たぶん葉の上に白い花が咲くのを雪にたとえ、その下に緑色の葉がちらちら見える形を表現して名付けたのであろう。この葉を火にあぶり、はれ物にはりつけたりする。ひきつけ、しもやけ、せきなどに薬効があるとされ、食用にもなり、若葉の天ぷらが知られている。語源にもいろいろあり、葉に白い斑模様があるものが多いことから、これを雪に見立てたという説。また下二弁が白く舌を出したようなので「雪の舌」だとする説。その他常緑葉であるため、冬の雪の下でも緑の葉があるところから「雪の下」だともいわれる。

引用・参考文献

「牧野新日本植物図鑑」牧野富太郎　一九七四年　北隆館
「原色日本植物図鑑」草本編（上・中・下）・木本編（Ⅰ、Ⅱ）北村四郎他　一九七四年　保育社
「野草図鑑」（検索入門）①～⑧巻「樹木①、②」尼川大録・長田武正他　一九九二年　保育社
「野草検索図鑑」野草検索図鑑編集委員会編　一九八五年　学習研究社
「日本の野草」（山渓カラー名鑑）山と渓谷社
「日本の樹木」（山渓カラー名鑑）山と渓谷社
「園芸植物」（山渓カラー名鑑）山と渓谷社
「日本の野生植物」草本・木本（フィールド版）平凡社
「日本の野生植物」草本Ⅰ、Ⅱ、Ⅲ　木本Ⅰ、Ⅱ　平凡社
「野草大図鑑」一九九〇年　北隆館
「樹木大図鑑」一九九一年　北隆館
「草木散歩」上野雄紀　二〇〇一年　河北新報社
「花の自然史」大原雅他　二〇〇四年　北海道大学図書刊行会
「日本植物誌」（植物誌ライブラリー）シーボルト　八坂書房
「野の花だより３６５日」池内紀・外山康雄　技術評論社
「草木スケッチ帳」柿原申人　東方出版

「みやぎの博物誌」高橋雄一　無明社
「野の草　植物の形と心」渡辺増富　第一学習社
「野草のスケッチ」高尾楢雄　廣川書店
「柳宗民の雑草ノオト」　毎日新聞社
「植物の歳時記」齋藤新一郎　八坂書房
「花の四季」釜江正巳　花伝社
「野の花山の花」外山康雄　日貿出版社
「折々の花たち」外山康雄　恒文社
「野の花の水彩画」外山康雄　日貿出版社
「私の好きな野の花」外山康雄　日貿出版社
「非水百花譜」杉浦非水　二〇〇八年　ランダムハウス講談社
「花時」豊岡東江他　二〇〇四年　青菁社
「花のスケッチ帳」堀文子　二〇〇七年　ＪＴＢパブリッシング
「植物画」西村俊雄　四季の草花を描く　主婦と生活社
「墨と彩り　花」宮本和郎　一九九〇年　新日本出版社
「墨で描く　四季の花」宮本和郎・山荷花子一九八四年　新日本出版社
「野の花さんぽ図鑑」長谷川哲雄　二〇〇九年　築地書館
「角田市の自然（植物編）」二〇〇二年　角田市教育委員会
「細密画で楽しむ里山の草花１００」野村陽子　中経出版　二〇〇九年

あとがき

ある朝、ごみを捨てに出ると、道ばたにホトケノザが咲いていました。啓蟄《けいちつ》前の、霜が降りることもある寒い季節に、道ばたにほっと咲いているピンク色の美しいホトケノザに、しばらく見入ってしまいました。そのとき、「地球は、道ばたに宝石が落ちている惑星なのだ」と思いました。

美しい花にひかれ、楽しみに描いた花の絵も、かなりの数になっていました。それをまとめてみたいという気持ちはありましたが、しばらくその方法が見つからないままでいました。そのとき、これで描いていく方向性ができたと思いました。そしてこの度、幸運にも、私なりのひと区切りとして、これまで描いてきたものをお見せできる機会を得ることができました。

発刊にあたっては、いくつかの気掛かりなことがありました。そのひとつは、本書の絵は、パソコンの画像処理ソフトで描画、彩色したものだということです。そのため、ふつうの絵の具や筆で描いた絵と違い、パソコンのディスプレイに出力した色を紙に印刷しているので、思惑と違った色に刷り上がる事が多いのです。さらにパソコンの知識に乏しく、色管理もしないまま描いているので、パソコンが変われば色も変わり、思ってもいない色に刷り上がることがありました。特に紫と青系統の色などはその差が顕著でした。

次に、花を描くアングルについても気掛かりは残ったままです。花をできるだけ正面から、自然の姿で、解剖したりしないで描くように心がけてきました。花のつくりを表現するには、横から描いたり、縦・横に切った断面を描くことが一般的です。無理に正面から描くと、恰好が悪く意味のない姿になることもあります。ときには美しい花にあられもない姿をさせるようなこともあって、花には悪いことをしたと思っています。

また、絵の細部では、間違いや正確さを欠くような描写が随所にみられます。そこは、何卒寛大なお許しをお願いしたいと思います。ともに花の姿を愛で、楽しんでいただきたいと思っています。そしてまた、たくさんの子どもたちにも見て貰いたいと思っています。

なお、花の解説や説明は、巻末の「索引」に掲げておりますので、丁寧に読むことで、花に関する知見が更に深まるものと思います。索引に引用した文献は、一覧にして掲げましたが、引用した部分の表示は、煩雑になるので省略させていただきました。

最後に、「本の泉社」の比留川洋氏には、特段のご理解を頂きましたことに心から敬意を捧げます。また、編集にあたられた森真平氏には大変お世話になりましたことに深く感謝申し上げます。

二〇一〇年二月

夏坂周司

■ 著者紹介

夏坂周司（なつさか・しゅうじ）

一九四二年生。東北大学教育学部卒。
高等学校教諭を経て現在にいたる。
著書「スケッチ画帳里山の四季」（八坂書房）、
「輝く植物たち」（本の泉社）

花《はな》　――宇宙《うちゅう》の宝石《ほうせき》

2010年4月15日

著　者　夏《なつ》坂《さか》周《しゅう》司《じ》

発行者　比留川　洋
発行所　株式会社　本の泉社
〒113-0033　東京都文京区本郷2-25-6
TEL.03-5800-8494　FAX.03-5800-5353
http//www.honnoizumi.co.jp/
印刷・製本　音羽印刷 株式会社

乱丁本・落丁本はお取り替えいたします。本書の一部あるいは全部について、
著作者から文書による承諾を得ずに、いかなる方法においても無断で転載・複写・
複製することは固く禁じられています。

© Syuji NATSUSAKA 2010 , Printed in Japan ISBN978-4-7807-0233-0